普通高等教育
艺术类"十二五"规划教材

居住空间设计

+ 马澜 编著 +

+ 李荣杰 杜小雪 姚运行 参编 +

LIVING SPACE DESIGN

人民邮电出版社

北 京

图书在版编目（CIP）数据

居住空间设计 / 马澜编著. —— 北京 ：人民邮电出
版社，2017.5（2024.6重印）
普通高等教育艺术类"十二五"规划教材
ISBN 978-7-115-44076-1

Ⅰ. ①居… Ⅱ. ①马… Ⅲ. ①住宅－室内装饰设计－
高等学校－教材 Ⅳ. ①TU241

中国版本图书馆CIP数据核字(2016)第275416号

内 容 提 要

本书是作者近20年来从事环境艺术专业教学与设计的经验结集而成。书中对居住空间设计的现状和未来发展趋势做了全方位的探讨，为推动居住空间设计这一学科的实践教学提供了全面的理论基础与实践经验。

全书共分6章，内容涉及居住空间设计总论、要素与原则、方法与流程，以及居住空间各区域设计、居住空间类型与设计要点、居住空间常用的装饰材料。各章均以案例做引导展开对本章内容的叙述与讲解，还结合了大量新颖且具有代表性的设计图例，旨在培养学生的艺术修养与审美创新能力。全书以循序渐进、由浅入深为原则，力求以准确、科学的文字进行表述；强调设计的系统性，设计思维的多元性。每章后附有形式多样的思考题，力求给读者创造愉快的学习氛围，提高教材的可读性。

此书兼顾了专业与普及两个层面的读者群，受众面广，不仅适用于本科、专科学生，而且可作为相关专业人员的参考书，同时也适合于广大专业爱好者的阅读。

◆ 编　著　马　澜
　　参　编　李荣杰　杜小雪　姚运行
　　责任编辑　刘　博
　　责任印制　杨林杰

◆ 人民邮电出版社出版发行　　北京市丰台区成寿寺路11号
　　邮编　100164　电子邮件　315@ptpress.com.cn
　　网址　http://www.ptpress.com.cn
　　北京捷迅佳彩印刷有限公司印刷

◆ 开本：787×1092　1/16
　　印张：13.5　　　　　　　　2017年5月第1版
　　字数：276千字　　　　　　2024年6月北京第13次印刷

定价：65.00 元
读者服务热线：(010)81055256　印装质量热线：(010)81055316
反盗版热线：(010)81055315
广告经营许可证：京东市监广登字 20170147号

前　言

党的二十大报告中提到："教育、科技、人才是全面建设社会主义现代化国家的基础性、战略性支撑。"在教育改革浪潮中，各高校纷纷开始探索艺术设计教育教学的新道路，采用了新的教学模式致力于开展适应当今社会发展需要的教学改革。

建筑是人类遮风避雨的场所，亦如原始人寻觅合适的洞穴以避寒、御兽。从远古到今天，从西方到东方，自从人类开始营造建筑以来，就有了相对独立的室内空间。即使在人类建筑活动的初级阶段，也已经开始对居住环境进行装饰。在黄河中下游地区的（大约新石器时代晚期）遗址中发现，人们为了美化居住环境，开始在室内用白石灰来涂抹墙面；即使是原始人穴居的洞窟里，壁面上也绘有兽形和围猎的图形。由此可见，人类对生存环境美观与舒适的追求，几乎与有记录的人类历史一样久远。

在人们的一般认识里，居住空间即是人们长期居住的地方——"家"，或者更为狭义地可以理解为人们住宅内起居室、卧室的合称。由此可以看出，居住空间与人们的生活息息相关，它是人们基本生活的承载物。墨子提出："居必常安，然后求乐。"当人们有了安居之所，才会进一步追寻精神的愉悦。"住"是人们最基本的生活要求。美国的艺术哲学家奥尔德里奇也提到："住宅，为我们提供了空间和住处，就像我们的身体安置我们的精神。"因此，住宅作为承载着人们日常生活和各种活动的容器，要满足人们物质和精神的各种需求。古今中外，人们对居住空间的认识都是一致的，居住空间既是人们安身立命之所也是修身养性之所，更是物质生活与精神生活兼具的场所。

今天，随着社会的进步，经济的发展，新材料、新技术、新工艺的出现，居住空间已从原始时期的天然岩洞演变到现今多种多样的居住空间样式，设计领域也有了翻天覆地的变化。大众对居住空间的要求早已不只是对使用功能的简单要求，而是更多地体现在对文化内涵、艺术、审美的个性追求上，这无疑极大地促进了这一行业的发展。巨大的市场需求，为设计企业的成长与壮大提供了沃土。

如今，勤勉的设计师正通过实践—理论—再实践的反复探索为人们创造出新的居住空间。它们有着鲜明的个性，或时尚简约、或传统奢华、或富丽堂皇、或朴拙清新，在有限的空间中找寻"地气""泉流""竹屏"……创造现代"居室文化"。

本书在编写过程中得到了许多老师与友人的帮助。感谢我的3位优秀的研究生李荣杰、杜小雪、姚远行为本书做的大量工作。本书在编写过程中参阅了一些国内外公开出版的书籍，令我获得不少启发。在此对这些书籍的作者表示衷心的感谢。

本书采用了部分设计师的设计作品，由于条件有限无法及时与他们联系，在此对这些设计师表示忠心的感谢。

尽管作者已做了大量的努力，但疏漏和错误在所难免，敬请专家和广大读者指正并多提宝贵意见，以便作者今后进一步提高。

目　录

第 6 章　居住空间常用的装饰材料

第 1 章

居住空间设计总论

学习要点及目标

● 认识居住空间设计，理解居住空间的概念；

● 了解居住空间设计的发展历程，掌握当下国内外居住空间设计的风格流派；

● 探究未来居住空间设计的发展趋势。

核心概念

居住空间　居住空间设计　设计风格

引导案例

随着社会经济的不断发展，居住空间的设计逐渐引起人们的重视。除了满足于人们的基本物质需求外，设计师开始考虑满足人们的精神需求，使居住空间设计与地域特色、传统文化和风俗习惯相融合，从而展现出充满个性化和人性化的居住空间设计。右图是保利海上五月花别墅样板房起居室设计图（图1-1）。该案例以英式田园风格为主调，让主人能够在自己家中放松身心的同时享受别具特色的异域风情。

图 1-1　起居室

【案例点评】该案例是保利海上五月花别墅的起居室设计，整个空间笼罩着一股浓郁的英式田园风情，浪漫又不失优雅。充满立体感的墙面装饰、精致华丽的吊灯、色彩浓重的花式地毯、格子花纹的布艺装饰和壁纸，仿佛将人带入英式古堡当中，勾起了人们怀旧的情绪。同时，也让主人享受到高端的贵族式生活。

本章主要介绍居住空间的概念和特点、发展历程与艺术风格以及发展趋势三方面，阐述居住空间在当今社会中所扮演的重要角色。为广大读者提供一个整体的概念框架。让读者充分了解居住空间和人类的日常生活是紧密相连的。人们的"衣食住行"往往都是在"住"的基础上展开其他三项生活内容，所以"住"对于人们来说尤为重要。在中国人看来，"住"的空间即为"家"，"家"是人们安身立命之所，是为人们遮风挡雨的地方。

1.1 关于居住空间

在人们的一般认识里，居住空间即是人们长期居住的地方——"家"，或者更为狭义地将其理解为人们住宅内起居室、卧室的合称。由此可以看出，居住空间与人们的生活息息相关，是人们基本生活的承载物。人的一生中大多数时候都停留在居住空间当中，所以居住空间的面积、功能、形式、设计等因素对停留在其中的使用者都有所影响。虽然每个人的喜好各有不同，停留时间长短不一，但人们所追求的都是一个舒适安逸、健康绿色的居住环境（图 1-2）。

1.1.1 认识居住空间

墨子提出："居必常安，然后求乐。"当人们有了安居之所，才会进一步追寻精神的愉悦。"住"是人们最基本的生活要求。美国的艺术哲学家奥尔德里奇也提到："住宅，为我们提供了空间和住处，就像我们的身体安置我们的精神。"因此，住宅作为承载人们日常生活和各种活动的容器，必须要满足人们物质和精神的各种需求。古今中外，人们对居住空间的认识都是一致的，居住空间是人们安身立命之所也是修身养性之所，是物质生活与精神生活兼具的场所（图 1-3）。

图 1-2　起居室

图 1-3　主卧室

【点评】该案例（图 1-2）是淮南领袖山南起居室的样板间设计，沙发使用了舒适朴实的棉麻布艺，与边柜沉稳、端庄的橡木搭配，着力营造出温馨、大气、舒适的空间氛围与雅致的空间格调。整个空间色调统一，恬淡素雅，再配以厚重舒适的美式家具、柔软精致的手工编织的装饰物，彰显出寓所独具一格的生活品位。

【点评】该案例（图 1-3）中杭州城市之星样板房卧室的设计在满足主人睡眠休息的基本需求外，秉持着低调奢华的空间设计理念，整个卧室色彩以黑白为主，用宝蓝色的花瓶、抱枕、装饰画等点缀空间；镜面处理的背景墙，加上充足并柔和的照明使得空间更显通透宽敞，也为主人营造出一个独具个性化和高品质的私密空间，以满足主人追求平和安逸的精神需求。

随着社会不断地发展进步，居住空间已从原始时期的天然岩洞演变到现今多种多样的居住空间样式，人们对于居住空间的功能、形式等因素也提出了更复杂多样的要求。但无论其如何变化，居住空间始终是作为人类的居所而存在的这一本质概念是不变的。

1.1.2 居住空间的概念

居住空间，又称住宅，是提供个人或者家庭日常起居生活的建筑内部空间。它是人们家庭生产生活方式的具体体现，也是社会文明发展水平的表现。居住空间的组成实际上是家庭活动性质的组成，即公共活动空间和私密性空间。公共活动空间是以满足家庭公共需求为目的的综合活动场所，是一个提供亲友日常相聚交流的空间（图1-4）。私密性空间是为家庭个人成员提供的进行私密行为活动的独立空间，是使用对象自我平衡与调整的不可缺少的场所（图1-5）。

图1-4 起居室　　　　　　　　　　　　图1-5 儿女卧室

【点评】该案例（图1-4）中起居室的设计以暖色调为主，米色及暖灰的布艺沙发、红色的精致地毯和装饰画，木质墙面处理以及深色的木制家具，加上柔和的暖光源的照射，使整个起居室气氛温馨而又亲切。

【点评】该案例（图1-5）是一间典型的儿女卧室设计。蓝色的地面、蓝色的窗帘、蓝色的床头柜、淡蓝色的窗。为了不让蓝色显得过于沉闷，设计师特意将床头的墙面彩绘设计成以黄色和蓝色为主基调，那里似乎还讲述着一段恬静的童话故事……

居住空间设计实际上是以住宅建筑为依托，根据使用对象的物质生活与精神生活的需求，通过功能划分、界面布局、装饰陈设等多种手段和方法，对建筑内部空间进行的再设计。它是科学与艺术、理性与感性的结合，是人类居住文明发展到一定高度的标志。

1.1.3 居住空间设计的特点

作为室内设计中的一个领域，居住空间设计主要研究人们日常居住活动的室内空间环境，以及这一空间中各个区域的合理组织和利用。因此，居住空间设计具有室内设计的一般性规律，同时也有自身的一些特点，即空间小而功能多、独特性、经济性、合理化、实用性和舒适度要求高。居住空间的特点主要有以下 4 个方面。

第一，合理的功能空间布局可以让人们的日常生活更加高效便利。设计师可以根据住宅面积大小、不同使用者的喜好、生活习惯，在保证基本功能空间都具备的情况下，对其他各空间进行再划分与组合，形成一个合理的居住空间的次序，以满足不同使用者的日常生活需求（图1-6）。

第二，舒适度是居住空间人性化设计的一个重要体现。针对一个居住空间的设计项目，由于使用者性别、年龄、身材各不相同，所以设计师应根据他们不同的人体尺度和活动情况进行分析整合后再设计，针对老人、孩子、残疾人等特殊人群的不同使用需求都要照顾到，以营造一个既方便舒适又安全的生活空间（图1-7）。在标准尺度的基础上，根据特殊情况再进行适度的调整，从而营造舒适的空间环境。

图 1-6 厨房及餐厅

图 1-7 儿女卧室

【点评】该案例（图1-6）是麓谷林语别墅中餐厅的设计，开放式的厨房与餐厅的空间组合，使得该区域开阔而明亮。个性化的地毯，精致的灯具，为空间营造出了一种浪漫的生活气息。

【点评】该案例（图1-7）是中信水岸洋房的卧室设计，设计者针对孩子的人体尺度、行为习惯、实际需求等进行了特殊化设计。海军蓝、白色、蓝绿色的搭配满足孩子们对色彩的要求。采用了木质家具和实木地板，既环保又保障了孩子们的安全。可移动的木质床板设计，使喜爱在地板上活动的孩子们有了可供阅读、下棋的小矮桌。整个空间的人性化设计都只为让孩子们享受到舒适温馨的卧室空间。

第三，居住空间的可持续化设计，体现在环保生态材料和绿色照明等要素的使用上，为了给使用者营造出更为健康和谐的居住空间环境，在设计时，还应保留一定的可拆卸、可更替和可移动的空间，这种灵活多变的空间设计形式，为使用者日后的自由变化提供了发展可能，也保证了整个居住空间的可持续性（图1-8）。

第四，现如今居住空间设计呈现风格多元化的趋势，使用者不再满足于单一的风格样式，不同的设计风格体现了居住者不同的个性和审美倾向。在居住空间的整体设计风格相对统一的情况下，设计师可以根据使用者不同的喜好和年龄，适当地调整部分空间的设计风格，以此来满足使用者的多元化需求（图1-9）。

图1-8　客厅与书房隔断设计　　　　　　　　　图1-9　起居室

【点评】该案例（图1-8）是由法国一家建筑事务所秉着生态环保的设计理念建造的一座原木住宅。该室内空间的整体布局具有很高的灵活性，采用自由移动组合的方式，有利于重塑空间格局。书房与客厅之间采用推拉门作为空间隔断，拉上推拉门则可进入一个安静舒适的阅读工作空间。灵活的空间格局和自然简约的空间环境都体现了可持续化设计理念。

【点评】该案例（图1-9）是福田天然居样板间中的起居室，设计者为了打造一个舒适、简约、温馨的生活空间和满足主人随性惬意的生活方式，采用了多元化的设计风格，粗犷朴实的方格地砖，彩色的沙发座椅和小柜子，富有创意的吊灯，使空间充满了田园气息。而实木的背景墙面的处理以及实木桌椅，则又透露出北欧简约的设计风格。

1.2 居住空间设计的发展与风格

从古至今，人类社会在自我发展过程和演变历程中，居住空间环境往往等同于生存环境，人们通过改造和利用自然环境以达到完善居住空间环境的目的。居住环境持续地发展和改变与社会文明的进步是相适应的。

居住空间设计是人们创造和美化生存环境的一门综合性艺术学科，只有深层次地了解居住空间设计的发展历程以及发展历程中所形成的风格流派，才能有效地帮助我们合理把握和运用布局、形状、颜色、材料、家具样式等设计元素，充分掌握和了解居住空间设计这门学科的相关知识。

1.2.1 居住空间设计的发展历程

不同的历史时期，都会有代表着整个时代的独特的设计作品出现，它们叙述和记载着人类文明的发展史，而不同的时期也衍生了不同的设计形式和风格，因此每个历史时期的设计作品都被赋予了特定的意蕴。

早在原始社会，我们的祖先就已经开始利用天然的洞穴建造各种形式的居住空间。在黄河中下游流域的仰韶龙山文明时期，穴居的空间虽然不大，但墙面是经过细泥或者白灰进行处理和美化过的，地面也用芦苇和木材进行了防水处理。后期，房间也按功能被分为了内室和外室，这是室内设计装饰在人类物质条件贫乏的原始社会最初的发展。在北方以穴居为主，居住形式逐渐由地穴发展为木骨泥墙房屋，而南方的先民的居住形式为巢穴，最后逐渐演变为干阑式建筑（图 1-10）。

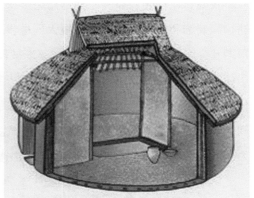

原始社会方形住房　　　　　　　　　　　　　原始社会圆形住房

图 1-10　中国原始社会居住形式

在奴隶社会时期，因为生产力的极大发展，青铜冶炼技术的运用，使建筑室内空间开始大规模出现奢华精细的装饰。由于当时社会财富掌握在少数贵族手中，所以这一时期的居住空间设计结合了奴隶主的统治思想，它的发展进步也仅仅体现在奴隶主阶层的居住环境中。

封建社会前期，孔子的"礼、乐"，老子的"无为"以及"儒、道、释"三家的哲学思想对居住空间设计风格产生了极大的影响，由此产生了独特的东方审美习惯与设计标准。居住空间设计为了体现"天人合一"的设计思想，强调人与自然和谐相处，巧妙地利用自然环境进行设计，并且将住宅设计与庭院环境完美结合，院落布局、室内空间划分都体现出了主次分明、上下有序的等级关系和礼仪秩序。装饰方面，随着各诸侯开始追求宫室的奢华，具有象征意义的纹饰图案（图1-11）和高超的雕刻工艺（图1-12）在建筑与室内装饰中被大量使用，书法与绘画作品中最为重要的陈设品也融于居住空间设计之中，雕梁画栋的室内装饰风格也逐渐形成，这些都凸显了中华民族文化的博大精深。

图1-11　秦狩猎纹空心砖

图1-12　战国瓦当

　　我国封建社会的鼎盛时期是隋唐至宋，这也是我国古代建筑发展的成熟期，城市建设、建筑结构、装饰和施工工艺都有了很大的进步。从隋唐到五代，已普遍采用了垂足而坐的高足家具，早期社会席地而坐的住宅家具形式逐渐被替代，中国居住空间的面貌得以改变（图1-13）。唐代，居住空间设计注重采用木质结构，并且将空间结构与装饰纹样完美结合，整体风格沉稳大气。宋代的建筑从造型到室内陈设都减少了烦琐的装饰，设计风格朴实简约，追求天然之美。在居住空间的规划上，基本呈现四合院的布置样式。室内出现了大方格的天花与藻井，装饰形式和色彩更为丰富，门、窗、斗拱、梁架等建筑细部构件也变化多样。

图1-13　韩熙载夜宴图　五代

【点评】从图中可以看出，五代时期人们席地而坐的生活习惯已被替代，高足座椅已经普遍使用。此图展现出五代时期的家具形式的转变以及居住空间的室内面貌发生了改变。

在我国封建社会后期（明、清），居住空间设计已达到了很高的水平，独特的样式风格反映了鲜明的民族特色。厅堂作为居住空间中最为重要的部分，功能与形式已经十分丰富和完备。住宅装饰装修更为规范化，提高总体布置格局和装饰样式成为居住空间设计的重点。但北方四合院（图1-14）与江南私家宅院（图1-15）各具特色的设计风格样式，体现出中国南北不同的地域文化特色和审美习惯，以及因地制宜的装饰设计风格。

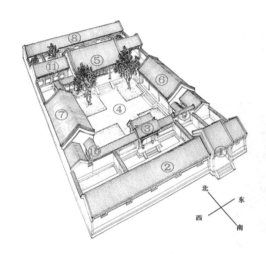

图 1-14　北方四合院

图 1-15　苏州拙政园

北方四合院：

① 宅门　② 倒座房（南房）　③ 垂花门　④ 庭院　⑤ 正房（北房）　⑥ 东厢房　⑦ 西厢房

⑧ 后罩房　⑨ 影壁　⑩ 抄手游廊　⑪ 耳房

鸦片战争时期，随着西方文化与新技术的传入，中国的传统文化受到冲击，这一时期的居住空间设计呈现了传统中式风格与西方装饰形式相结合的特征。新中国成立初期，机械的复制西方建筑装饰风格和传统中式风格成为居住空间设计的主流，这种设计风气也在我国延续了很久。

20世纪80年代，随着改革开放的进程逐渐加快，以中央工艺美术学院（现清华美院）为首的各大院校开始设立室内设计专业，为中国室内设计的发展奠定了良好的基础。

如今，社会经济快速发展，城市建设的不断加速以及人们生活水平的逐步提高，使市场需求日益增大，居住空间设计开始考虑自身个性、社会需求、地域文化特色等在设计中的体现。从一味地模仿西方到有了独立的设计思考和见解,中国的居住空间设计开始呈现出本土独有的风格与特色,并朝着个性化、多元化、人性化的趋势发展。

反观西方的室内设计发展,早在古埃及时期,贵族的住宅就有了多样化功能空间的划分,住宅结构也多为木构架,墙面有植物、飞禽等壁画,梁柱、地面、天花有华丽丰富的装饰图案(图1-16)。古希腊和古罗马时期的建筑艺术与室内装饰已经达到很高的水平,宽阔的住宅空间内,采用各种精美的壁饰与浮雕做墙面装饰,大理石的地面以及做工精良的家具陈设,都表明当时的居住空间设计已相当成熟。

中世纪至文艺复兴时期,哥特式、古典主义、巴洛克、洛可可等居住空间设计风格日趋成熟。哥特式设计风格无论在工艺技术还是设计手法上都达到了空前高度,而文艺复兴时期的设计是从古希腊、古罗马的古典设计中获得灵感,改变了中世纪的刻板的设计风格,通过追求解放天性获得自由(图1-17)。

图1-16　古埃及时期装饰纹样

图1-17　德国科隆大教堂彩窗

19世纪工业革命的全面展开,改变了人们的生产生活方式,加快了城市的发展进程。在这段工业技术飞速发展的时期,各种艺术运动与艺术流派不断涌现出来。由于大工业时期产品的粗制滥造和产品审美标准遗失,使得艺术与技术产生互相对峙的局面。当时欧洲华而不实的社会风气和庸俗繁琐的工业产品设计风格,引起了人们关于艺术与技术如何相统一的思考,带来了一场以艺术与手工艺运动、新艺术运动、德国工业同盟为标志的设计领域的革命。1919年在德国创建的包豪斯学院(图1-18),标志着现代设计的诞生。它摒弃因循守旧,提倡重视功能,推进了新材料和工艺技术的运用,倡导设计与工业社会相适应,使艺术与技术相统一。包豪斯的设计理念和思想促使多种崭新的现代设计风格诞生。

图 1-18　德国包豪斯校舍

1.2.2 居住空间设计的艺术风格

风格即为风度品格，指设计作品的艺术特色与个性。设计风格的形成受到不同时代思潮和地区特色的影响，通过构思创作和表现，逐渐发展成为独具代表性的设计表现形式。一种典型设计风格的形成既离不开当地的自然环境与人文因素，也离不开设计师独特的构思创意与造型意识，这是形成风格的必不可少的两个因素（图 1-19）。

【点评】该案例是深圳天鹅堡样板房的会客室，设计采用的是低调奢华的新古典主义风格，其中融入了多种风格的设计元素，如西欧田园风格的布艺装饰、东南亚风格的藤编茶几以及美式风格的家具、中式风格的天花等，使空间充满了无限的创意和趣味，增添了不少生活情趣。

图 1-19　会客厅

居住空间设计的艺术风格与流派，属于室内空间环境中的精神功能与艺术造型的范畴，与建筑、家具设计风格流派息息相关，有时也会与同时代的绘画、雕塑、手工艺、音乐等艺术形式相互作用和相互影响。根据时间顺序，居住空间设计的艺术风格可以分为古典主义风格、现代主义风格、后现代主义风格以及混搭风格。从时下的流行趋势来看，居住空间设计的艺术风格可分为新中式风格、地中海风格、东南亚风格、美式乡村风格、欧式田园风格、北欧简约风格。下面笔者将对这 10 种风格进行系统的阐述分析，让读者了解各个风格的不同之处。

1. 古典主义风格

古典主义风格是在居住空间设计布局、色调、线形及陈设、家具的造型等方面，吸收传统装饰中"形"和"神"的特征，依照传统美学法则，运用现代结构与材料营造出典雅、高贵、端庄又规整的空间造型的一种设计风格。它体现了处于后工业化时期的大众对传统的怀念，是一种怀旧情结的反映。如中国明、清传统家具样式（图 1-20），又如罗马式、哥特式、文艺复兴式、洛可可式等西方传统风格。此外还有日本传统风格（图 1-21）、印度传统风格、伊斯兰传统风格等。这些古典主义风格往往给人以历史与地域文脉得以延续的感官体验，使室内空间环境更加具有民族文化渊源的形象特征。

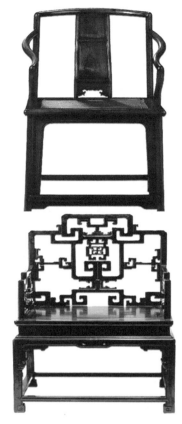

图 1-20　中国明代红木家具

图 1-21　会客厅

【点评】该案例中会客室的设计主要采用的是日本传统和式设计风格，整个空间以木质结构为主，鸟笼、竹子、陶罐、小束花卉点缀其中，以打造一个自然优雅且富有禅意的空间。

2. 现代主义风格

20 世纪初，现代主义风格兴起。现代主义风格最早源于 1919 年成立的包豪斯学派。该学派在当时的历史背景下，提倡突破旧传统，强调革新，重视空间与功能的组织，注重发挥结构本身的构成美，推崇简洁造型和合理的构成工艺，反对多余繁复的装饰，尊重材料的特性，追求材料自身质地和色彩的搭配效果，使得以功能布局为依据的不对称形式的构图手法得以发展起来。包豪斯学派注重实际的工艺操作，重视工业生产与设计的联系（图 1-22）。

现代主义设计风格主要的特征是：空间结构造型简洁新颖，空间布局与功能分配合理，注重理性设计，多采用标准化部件和新型材料，室内不做过多装饰，崇尚造型精简，突出材质美感。

3. 后现代主义风格

在 1934 年出版的西班牙作家德·奥尼斯的著作《西班牙与西班牙语类诗选》中，后现代主义一词最早出现，用来描述当时盛行的现代主义内部出现的运动。后现代主义风格是对现代主义纯理性的设计风格的逆反表现。受到兴起于 20 世纪 60 年代的大众艺术的影响，后现代主义风格是通过对现代主义纯理性设计风格的批判与反思而不断发展壮大起来的，它强调在保留现代技术与工艺的基础上，从传统文化、地域特色、民间习俗和形式中提取创作元素，强调设计的历史延续性，但又不拘束于传统的表现形式和思维方式，通常将传统的设计形式与地方民间风格、波普艺术有机地结合起来，形成独特的设计理念，设计趋向于大众化。后现代主义设计风格本质上是对现代主义设计风格的延续、修正与补充（图 1-23）。

图 1-22　萨伏伊别墅　勒·柯布西耶

图 1-23　母亲之家　罗伯特·文丘里

后现代主义多运用含有隐喻意味的视觉符号，强调装饰的重要性，装饰的意识与手法都有了新的突破，常常采用非传统形式的叠加、混合、裂变、错位等方式和含有隐喻、象征意味的手法，以达到一种传统与现代、感性与理性、个性化与大众化相融合的建筑形象和室内空间环境。

4. 混搭风格

混搭风格是近年来建筑及室内空间设计呈现多元化发展的重要体现，也是如今最为普遍的设计风格。居住空间没有明确的设计风格与主题，而是将各种风格融于一体，营造出和谐舒适的室内环境。混搭风格虽然在形式、材料、色彩等设计元素的运用上不受约束，但设计师采用这种风格时，应注重处理好各元素之间的主次关系，整体把握视觉效果和空间结构（图1-24）。

图 1-24　混搭风格的卧室

【点评】该案例是一个充满异域风情的卧室空间，同时也包含多种设计风格，如传统的中式卷帘和家具、现代简约的背景墙与床头柜的设计、独具东南亚特色的吊灯、地毯等，营造出了素雅、稳重且富有艺术底蕴的空间氛围。

5. 新中式风格

新中式风格继承了唐、明、清时期的家居设计理念，同时摒弃传统空间布局注重等级尊卑的封建思想，使居住空间的设计更具有人情味。新中式风格是将中国传统文化中经典元素加以提炼，并结合现代的设计元素，根据现代人的审美需求和生活习惯来营造一个富有传统韵味的现代化空间，使传统艺术在现代设计中得以保留。

新中式风格在室内空间布局、色调、造型、家具陈设等方面，提取了传统文化中注重"形""神"的装饰特点，改变了传统家具"舒心不舒身，好看不好用"的弊端，融入西式家具的简约舒适。同时，注重空间布置的层次感，以营造出步移景异的空间效果，多采用"垭口""博古架"等形式划分空间。空间装饰上往往采用简洁硬朗的直线，体现出中式家居质朴内敛的设计风格，也迎合了现代人追求实用简约的居住要求（图 1–25）。

图 1–25　新中式风格客厅

【点评】该案例是星湖城样板房的客厅设计，设计者采用的是新中式的设计风格，相较于传统的中式风格更为简约现代，一改传统的中式木质家居使用不舒适的缺点，增加了柔软舒适的坐垫靠枕等。同时墙面采用灰色的墙砖拼贴，加上各种中式传统的灯具、漏窗、装饰品等点缀在空间各处，使得该客厅空间氛围简约大气又古朴庄重。

6. 地中海风格

地中海风格于 9 ~ 11 世纪在西欧形成。它是指地中海北岸的西班牙、葡萄牙、希腊、意大利等国家南部沿海地区的住宅家居设计风格。地中海地区夏季干旱少雨、冬季温和多雨，沿海国家众多，民风各异，独特的气候和地域民俗特色给浪漫的地中海文明蒙上了一层神秘的面纱。

地中海风格的空间设计基调是简单明亮、自然大气、色彩丰富，独具民族特色（图 1–26），注重空间的搭配布置，避免琐碎，在色彩运用上多选择高雅柔和的浅色调。在空间装饰上多选用质地粗糙、有明显肌理纹路的装饰材料，彩色马赛克瓷砖、铸铁把手、拱形门窗、绿色盆栽等都是地中海风格的典型设计元素（图1-27）。

图1-26　地中海风格餐厅　　　　　　　　　图1-27　地中海风格厨房

【点评】该案例（图1-26）是长滩壹号院样板房的餐厅设计，采用了温馨浪漫的地中海设计风格，空间色调清新淡雅，以蓝白为主。采用的布艺装饰花纹丰富多样，拱形门窗的设计也别具民族特色。

【点评】该案例（图1-27）中厨房的设计采用了地中海风格的典型设计元素，质地粗糙的地砖，彩色的方格墙砖，充满田园风情的布艺装饰以及蓝白为主的空间色调搭配等，营造出了一个浪漫而又亲切的空间环境。

7. 东南亚风格

东南亚风格是将热带雨林的自然生态美与浓郁的岛屿民族文化特色相结合的设计风格。东南亚风格的居住空间设计崇尚原汁原味的天然材质，高贵明艳的色彩搭配，多运用木石结构、砂岩装饰，漏窗、浮雕、木梁都是该风格不可或缺的设计元素，以营造出慵懒惬意的空间氛围和别样的热带异域风情（图1-28）。同时，独特的宗教信仰也让室内空间布置体现了拙朴的禅意。

8. 美式乡村风格

美式乡村风格主要起源于18世纪来到美国的各国拓荒者们的住宅设计风格，是当时的流行风格与各种族及地域文化相混合而成的设计风格。美式乡村风格追求简洁朴实，将不同风格中的优秀经典元素加以融合，强调轻松舒适、回归自然。该风格以柔和自然的色调为主，多选择线条简单、粗犷质感的原木家具，装饰材料多是印花布、麻织物等。多样化的配饰，木藤式家具、铁铸装饰物等都展现出怀旧、淡雅、自然的田园乡村气息，营造轻松休闲的居住空间氛围（图1-29）。

图 1-28　东南亚风格卫浴间　　　　　　　　图 1-29　美式乡村风格起居室

【点评】该案例（图 1-28）是武汉金地格林春岸的卫浴间设计，设计者多采用朴实大气的木质结构，灯光和装饰物的色彩浓厚艳丽，空间中的木梁、漏窗和设计精致的灯饰都是东南亚风格必不可少的设计元素，整个卫浴空间充满了慵懒惬意的热带异域风情。

【点评】该案例（图 1-29）是云亩天朗高尔夫别墅样板间的起居室，设计者营造出了一种舒适惬意的生活氛围，石材拼贴的墙面处理方式、木质家具以及古朴的方格地砖等，这些沉稳、厚重材质的运用，使得空间更加大气庄重。印花窗帘、古典的台灯以及考究的装饰品等，张弛有度地表现出自然、内敛、舒适、惬意的高品质生活空间。

9. 欧式田园风格

欧式田园风格在室内空间设计上讲求心灵的归属感，体现浓郁清新的田园气息。其中，法式田园风格活泼轻快，英式田园风格典雅清新。欧式田园风格的设计特点主要体现在大胆的配色，碎花图案的各种布艺装饰，洗白处理的家具等。此外，温暖充足的自然光、铁质装饰物、拼花的复古砖、实木打造的天花板和精美的小工艺品、小块地毯都是该风格的常用设计元素（图 1-30）。

10. 北欧简约风格

北欧简约风格是将设计色彩、照明、材料等设计元素进行简化，强调元素的质感与品质。含蓄的北欧设计风格以"简约"闻名于世，在居住空间设计中处处体现出简洁明快、健康实用、舒适安逸的特点。空间界面不用复杂烦琐的图案纹样装饰，只用简洁流畅的线条或色块进行区分，同时在家具陈设上，多采用简洁明了、贴近自然的木质家具。整个空间精致简约，舒适实用，符合现代人高品质的生活品位（图 1-31）。

图 1-30　欧式田园风格起居室

【点评】该案例中起居室的设计以欧式田园风格为主，营造了一个清新、浪漫的空间氛围。各种花纹图案的布艺装饰、做工精致考究的家具以及独具特色的铁艺装饰物点缀其中，使该起居室空间既显得典雅高贵又能让人感到温馨而亲切。

图 1-31　北欧简约风格住宅

【点评】该案例中住宅空间的设计采用的是北欧简约风格，去繁就简，没有华丽烦琐的装饰，采用原生态的木材、石材等。室内以白色为主的浅色调的应用，使得整个空间环境干净清爽、简洁雅致。编织的手工座椅、柔软舒适的沙发、大型的绿植装饰都充分考虑到了住户的高品质、高舒适度的需求。

1.3 居住空间设计的发展趋势

居住空间的发展离不开社会经济与文化生活的发展，它是时代进步的体现。伴随着现代科学技术的进步和社会文化的迅猛发展，人们的生活方式发生了日新月异的变化，新的物质与精神需求也逐渐增多，居住空间设计也呈现出多样多元的发展态势。绿色设计、无障碍设计、智能化设计、家庭办公室以及生态化住宅的出现为居住空间设计增添了新的内涵。下面将从以下 4 个方面论述居住空间设计的发展趋势。

1.3.1 以人为本

如今社会经济的飞速发展和人们日益增加的需求使居住空间设计面临越来越复杂化的要求。居住空间设计从最初满足人们遮风避雨的功能转变为体现人们日常生活水平与品质的功能，这不仅仅反映出社会的进步，更体现了人作为设计主体的地位。设计的根本目的是为了人，即"以人为本"，为人们创造一个完美的生活环境。设计的客体既然是人，那么以人为本的设计原则也应该是居住空间设计的核心理念。

以人为本的设计理念是通过个性化设计、功能设计、绿色设计等设计要素来统一体现的，它体现的是更高层次的设计追求，更是科技进步的综合体现。以人为本的设计最基本的要求是要满足主体的生理需求，如满足人们安全因素、人体工程学因素的要求（图 1-32）。其次是满足主体的心理需求，包括不同的审美意识所表现出的所有审美需求，以及不同地位、不同层次的人所表现出的自我实现的需求等（图 1-33）。它是在满足人们基本的生理需求基础上更高一层的需求。以人为本的设计会随着社会文化、国家经济及生活水平的不断提高而向着内容更

图 1-32 人性化设计

【点评】在该案例居住空间的设计中，秉持以人为本的设计原则，针对孩子和老人这些特殊人群的人性化设计，这些细节设计会使空间更富有人情味和亲切感。例如，在楼梯上铺设防滑地毯并确保地毯贴紧每个梯板，或贴上防滑橡胶踏板；在楼梯两侧设置护栏，在楼梯顶端及底部各安装电灯及开关；在梯板边缘漆上具有对比的颜色，以便更好地看到楼梯。在卫浴间的坐便器和浴缸旁安装扶手，地板上设置塑胶防滑垫以防止老人或孩子摔倒。

广泛、层次更高级的方向发展。因此，人的心理需求在现代居住空间设计中的地位越来越重要。

进入新的时代，人们对物质和精神的需求、对生活品质的追求以及价值观念等有了深刻的转变，开始更加关注自身个性的发展，也开始关注弱势群体的生存生活环境。因此，如今的居住空间设计从以前千篇一律标准化设计日渐趋向于个性化设计和更具人文关怀性的设计，这也体现出了设计师对人性的一种关怀与照顾（图1-34）。

图1-33　书房

图1-34　卧室的个性化设计

【点评】该案例（图1-33）是一间新中式风格的书房设计，墙面的软装设计保证了空间的隔音效果，大幅的刺绣装饰画是空间的点睛之笔，让书房颇有意境。整个古朴的空间环境配以隐藏式的发光顶棚、嵌入式点光源和中式风格的台灯勾勒出高雅、惬意的书房空间。该书房的设计充分满足了主人的审美情趣和需求，体现了其高端雅致的生活品位。

【点评】该案例（图1-34）是星河时代样板房的卧室设计，该设计独具个性化，大胆采用艳丽的色彩、夸张的装饰物、机灵古怪的各种娃娃、精心打造的梳妆台、精致的壁灯，仿佛让人踏入了小公主的梦幻城堡。该卧室的设计充分考虑到小女孩成长过程中的身心需求，为孩子打造了一个属于她们的小天地。

1.3.2 科学性与艺术性的结合

设计原本就是利用科技和艺术手段给人们带来舒适和便利的服务，以协调人们的各种需求，调节人类发展与生存条件与环境限制之间的关系。所以，设计者在打造人们居住环境的过程中，应高度重视科学性和艺术性设计，注重二者的相互结合。"科技是第一生产力"，居住空间设计中的科学性，指的是由于社会经济的不断进步，新技术从开发到实际运用的周期日渐缩短，在设计的过程中，设计者结合人们日渐推崇倡导环保节能、高端智能的生活理念，利用新型的材料、新的结构构成和新的施工工艺技术，以及能够创造良好的声、光、热的设备，结合科学的方法分析和确定居住空间中的物理环境和心理环境的利弊，使居住空间设计的科技含量大大提高，延伸出各项能够满足人们更高更为复杂要求的功能（图 1-35）。

在居住空间设计中，一方面要重视科学性，另一方面设计者们又要充分重视艺术性、科学性和艺术性的结合。就在于设计者们利用物质技术手段的同时，要高度重视美学原理，强调居住空间内各设计因素的和谐美感，讲求个人个性风格的体现，注重营造高品质的空间艺术氛围（图 1-36），运用高新材料、先进施工技术，创造出日趋艺术化的空间环境，同时也要创造出具有丰富的表现力和感染力的居住空间和形象，设计出具有视觉愉悦感和文化内涵的居住空间，使生活在现代社会的人们，既能得到物质生活功能的满足，又能得到精神上的愉悦，也就是说使人们在生理、心理和精神上都能达到平衡。

图 1-35　未来住宅"光子空间"　　　　　　　图 1-36　充满艺术气息的起居室

【点评】该案例（图 1-35）是由英国一家企业推出的未来住宅——"光子空间"，它是世界上第一个全部由智能玻璃打造的未来式住宅。考虑到自然光对我们的日常生活、睡眠模式、能源使用还有身体健康方面都有很多积极的好处，所以该设计的目的是创建一种新式住宅，允许住户与外界进行最大程度的互动与连通。

【点评】该案例（图 1-36）的起居室中维持了原结构的高挑，整个空间明亮开阔。厚重的美式沙发、西欧田园风格的布艺装饰、东南亚风格的实木储物柜等多种风格元素的混搭，各种设计元素合理地组合起来，使得整个空间充满异域风情的同时，也展现出浓厚的艺术氛围。

1.3.3 地域性与文化性并重

所谓居住空间设计中的地域性，是指设计师在设计中应吸收本地的、民族的、民俗的风格以及本区域内历史所留下来的种种文化痕迹。地域性在某种程度上比民族性更加狭隘，它具有专属

性和极强的识别性，在设计中加入不同地域的文化习俗也能使该设计具有极强的识别效果。

　　设计者在注重在设计中体现地域性的同时也要注重设计中的文化性，使二者能够并重发展（图1-37）。而居住空间中的文化性是指在如当今设计中，设计者不仅要满足客户当下的文化需求，还要将地域传统文化所涉及的一些住宅风水、地方特色文化元素加入到设计中去，也就是说把承载着不同时期的文化特性融入到环境中，创造出更加舒适且具有文化内涵的居住空间。

图1-37　传统中式风格餐厅

　　【点评】该案例餐厅传统中式的设计风格打造出了一个古色古香的用餐环境。中式风格的灯具、餐桌座椅等设计元素，加上古剑、玉璧、绿植等装饰物的点缀，使餐厅的环境自然而又古朴大气。这种设计风格既展现了独特的地域文化传统，也体现出了不俗的文化气息。

　　人是生活在社会这个大环境中的主体，其所处环境的历史文化、民俗地理、邻里乡情都会影响到居住环境中人们的生活质量。因此，营造更具地域特色和文化内涵的空间环境成为未来居住空间设计的一大发展趋势。注重地域性和文化性在居住空间设计中的体现，有助于本土地域文化与外来优秀文化的交流融合，不仅促进了中国的传统文化和谐而多样化发展，还推进了东西方文化的不断渗透与融合，使居住空间设计趋向多元化风格。此外，也有益于地域文化与现代高新技术的结合，以提升居住空间环境的文化品质，也为设计师提供了设计灵感和启发。

1.3.4 倡导绿色设计

绿色设计也可以称为"生态设计"。西蒙·范·迪·瑞恩(Sim Van der Ryn)和斯图亚特·考恩(Stuart Cown)是这样界定的：任何与生态过程相协调，尽量使其对环境的破坏达到最小的设计形式都称为绿色设计或生命周期设计或环境设计。核心是"3R"，即 Reduce（简约化）、Reuse（再利用）、Recyce(再回收）三原则。即尽量减少物质和能源的消耗，减少有害物质的排放，而且要使产品及零部件能够方便地分类回收并再生循环或重新利用。绿色设计正是人类针对如今过度设计和过度商业化造成的环境破坏和资源浪费的深刻反省，而后逐渐形成了倡导绿色设计的理念原则。

随着对环境的可持续发展的深入认识，现代社会逐渐意识到倡导绿色环保、节能高效的重要性。就居住空间设计而言，绿色设计的引入，就是要求设计师在设计过程中遵循保护环境、节约能源、灵活高效的设计原则。近几年来，居住空间环境的保护问题引起了人们的高度重视，"绿色住宅"健康、节能、低污染的居住空间样式得到人们的广泛认可，这种设计形式强调人与自然环境的和谐共处，提倡能源的重复利用，减少污染，以创造一个绿色生态的居住空间环境（图 1-38）。

图 1-38　卫浴间的绿色设计

【点评】简约的空间布局，宽敞明亮的空间，干净利落的设计，生态环保的装饰材料，以达到绿色设计的要求。整个空间简洁明了，省去了多余的装饰及照明形式，采用绿植点缀及自然光照明，让人身处其中更为舒心惬意。

复习与思考

1. 试着谈谈你对居住空间设计定义的理解以及看法。

2. 说一说你喜欢哪种居住空间设计风格？为什么？

3. 谈谈你对未来居住空间设计发展趋势的看法。

课堂实训

1. 用自己的话概括一下中外居住空间设计的发展历程。

2. 翻阅书籍资料，挑选出一个优秀的居住空间设计案例进行重点分析。

第 2 章

居住空间设计的
要素与原则

学习要点及目标

● 了解居住空间的设计要素；

● 掌握使用功能与精神功能在居住空间的具体体现；

● 结合人体工程学和环境心理学，领会其在居住空间设计中的重要作用。

核心概念

设计要素 设计原则 使用功能 精神功能

引导案例

本章主要介绍居住空间设计的要素与原则，分析界面和空间、家具与陈设、照明与色彩六大要素之间的关系以及如何将这些要素运用到居住空间的设计中；同时，也阐述了设计者在进行设计时要注意使用功能和精神功能并重，从居住者的角度出发，根据人体工学和环境心理学两大基本原则，设计出更加舒适、健康、安全、温馨、人性化的居住空间。图 2-1 是华地公馆样板房内起居室的设计案例。通过对其色彩搭配和整体风格进行分析，读者可了解相关的设计原则。

图 2-1　起居室

【案例点评】起居室是居住空间中具有代表性的功能分区，所以起居室的风格特征贯穿整个居住空间设计。图 2-1 所示的起居室采用了新古典主义的风格，以暖色调为主，暗黄色的窗帘和地毯在暖色灯光的照射下纹理清晰可见，淡黄色的大理石地板与天花的颜色以及壁纸的颜色和谐统一，白色的皮质沙发也在柔和的灯光下显得柔软舒适，整体营造出温馨舒适的居住环境。

2.1 居住空间设计的要素

居住空间的设计是一个不断完善空间布局规划和提高人们生活水平的过程。在这个过程中，需要考虑多种要素，包括空间类型和各界面的形态，家具与陈设对于室内空间的影响以及灯光照明和色彩对空间氛围的塑造。这些都是居住空间设计中不可忽视的关键因素。

2.1.1 空间与界面

空间和界面都是构成居住空间不可或缺的元素，空间是建筑物内部的大环境，是一种无形的存在，而界面则是建筑物内部的墙面、地面、顶棚、隔断、门、窗之类的实物，是一种有形的存在。空间与界面是无形和有形的结合，二者共同塑造居住空间的功能分区和内部形态特征。

空间是室内设计中最基本的要素，设计者通过对建筑物内部空间进行划分，使得空间从功能的角度来说更加系统和完善。居住空间的类型包括：封闭空间，即是严密围合而成的空间，具有私密性、封闭性的特点，如储藏室、卫生间（图 2-2）；开敞空间，则是弱化部分空间界面形成的功能空间，具有接纳性、交流性的特点，如起居室（图 2-3）；动态空间，则是由不同的空间要素组合而成的流动性空间，如别墅中的活动室、楼梯等；静态空间，即是相对静止平稳的空间类型，给人一种安全、宁静的感觉，如书房、卧室（图 2-4）等；固定空间，则是指一些功能明确、固定使用的家庭区域，如厨房（图 2-5）；可变空间，即是为了满足不同人群的需求，采用一些灵活的界面分隔手法所塑造的空间类型，具有灵活性、可变性的特点，（如在卧室中利用隔断，分隔出动态的试衣间和化妆区以及静态的就寝区，整个卧室既满足人们休息睡眠的需求，同时也提供了穿衣打扮的区域）（图 2-6）。合理的组织各种功能空间之间的关系，能够保证居住者的舒适与安全，所以要实现居住空间中封闭空间和开敞空间的分离，动态空间和静态空间秩序性的组合，固定空间和可变空间相互协调，保证各空间之间的交通流畅并具有稳定的布局形态。

图 2-2　卫生间

【点评】卫生间是典型的封闭空间，拥有较高的私密性，图 2-2 所示的卫生间属于福州泰禾的样板间，整体设计的简约大气，地板和墙壁都使用了淡淡的黄褐色，给人一种温暖舒适的感觉，柜子上使用三角形的镜面图案，镜子上和地板上也有相同的造型，由于材质的不同，和谐统一中又带有些许不同，构思甚为巧妙。

图 2-3　起居室

【点评】北京西山 B 户型样板房起居室的设计具有浓郁的现代主义风情，简约大气的直线造型在设计中被体现得淋漓尽致，沙发后的背景墙采用长方形的镜面效果，深色和浅色的镜面构成一种独特的美感，沙发、地毯和抱枕的颜色也与茶色镜面交相辉映，共同打造出温馨舒适的现代化客厅。

图 2-4　卧室

【点评】卧室属于静态空间，用来满足使用者的睡眠需求。该案例是重庆江山明珠的样板间，图中的卧室使用了暗棕色的木地板，淡黄色的墙面和顶面，床头背景墙则采用了孔雀绿，淡黄色的花纹恬静美好，配以床两头的黄色灯具，为整个卧室营造出安静舒适的环境，地毯也使用了简洁大方的深棕色，既有装饰效果，又不显得突兀。

【点评】厨房属于固定空间，具有固定的功能，满足日常家庭中烹饪洗刷的需求。该案例是金港广场的样板间，厨房的布局是"U"字形，设计者合理地利用了墙壁四周的空间，设计多个储物空间。地板、天花以及储物柜的颜色都采用象牙白，没有用过多的色彩装饰，却给人一种纯粹素雅的感觉。

图 2-5　厨房

【点评】该案例是厦门保利海上五月花样板房卧室的设计，图2-6生动地体现了可变空间在居住空间中的应用。设计者利用一面具有储物功能的墙将卧室的一个区域分隔出来，用作梳妆打扮的试衣间和化妆间，换个角度思考，这个区域也可以设计成一个小型的书房，供居住者工作和阅读。

图 2-6　两用型卧室

　　界面的设计法则多种多样，它依赖于空间功能分区的基础上。设计者通过更加多元化的手法对功能分区的各个部分进行细化，使人们对各个功能区有明显的界定。第一，设计者可以通过立面围合的方式，利用隔墙、隔断、家具或帷幔等，划分出不同功能空间的界面，比如说，在设计起居室和餐厅时可以采用隔断界面，打造不同功能的分区（图2-7）。第二，设计者通过顶棚覆盖的方式，使天花界面在造型、材质和高低等方面产生差异，进而塑造不同的空间形态（图2-8）。第三，设计者采用地面高差的手法，通过抬高地面或者下沉地基塑造开敞式空间和半封闭式空间，下沉空间会给人心理上带来安全感，更好地塑造一种半私密性领域（图2-9）。第四，设计者通过材质区分，将不同的材料进行组合、对地面、墙体、顶面等界面材质进行有序地区分，例如改变材料的肌理效果、花纹图案、种类颜色等，明确地划分出不同的功能空间。这种方法的好处在于不占用任何空间区域，还可以保持空间之间的流畅性，是一种常用的界面设计手法（图2-10）。

图 2-7　餐厅与起居室之间的隔断

【点评】该案例是中悦御之苑的样板间设计。图2-7所示的餐厅和起居室之间设立一道隔断墙，把起居室和餐厅打造出两种不同的功能分区，隔断墙下面是储物柜，满足了储物需求，上面则是一个艺术品陈列台，既增加了空间形态的多样化，又赋予空间通透感，使整个空间显得不那么沉闷乏味。

【点评】该案例的亮点在于起居室中天花界面的设计，多个圆形的组合与圆柱形的灯具完美地结合起来，打造出不同效果的天花界面，同时，地面茶几以及沙发摆放处的地板也使用了圆形，与天花界面相呼应。

图 2-8　起居室中的天花设计

【点评】该案例展现的是下沉式的空间形态，设计者利用下沉的手法，划分出不同的空间界面，配以圆弧形的沙发，与下沉界面完美契合在一起。木桩型的原木茶几虽与整体风格相比有些突兀，但是给整个空间增添了一丝自然生态的气息。

图 2-9　起居室的下沉空间

【点评】该案例起居室的图片展现了设计者利用不同的材质和肌理效果，划分不同功能分区的手法。图中起居室的主墙面采用镜面和白色竖条纹组合而成的肌理效果，而餐厅处的墙面则采用黄棕色的壁纸。虽然客厅和餐厅之间无任何东西阻隔，但也能有明显的空间区分效果。

图 2-10　起居室

2.1.2 家具与陈设

在常规的居住空间设计中，完成室内装修后，室内设计就进入了室内装饰环节。现如今住宅设计呈现出"轻装修、重装饰"的发展趋势，由此可以看出家具和陈设在室内设计中的重要性。家具与陈设之间存在着"你中有我，我中有你"的关系，家具的摆放离不开陈设物的点缀，陈设物在室内中必须依托于家具才得以显现。所以，将家具、陈设等元素合理地组织并运用于居住空间设计时，恰当的组合搭配能够为室内添加生机与活力，使室内环境更加舒适，空间氛围更加温馨，反之，则会破坏整体空间环境及氛围。因此，设计师在家具与陈设的选择和关系处理上一定要合理规范，通过充分利用二者的特性来营造出更加丰富多彩的空间形态（图 2-11）。

图 2-11　起居室中的家具和陈设

【点评】该案例中的家具和陈设大都使用暖色系，米棕色的沙发配以深棕和土黄的抱枕，给人一种温馨舒适感；地面和背景墙都采用灰色纹理的大理石，材质虽简单却十分耐看；棕红色的茶几和电视柜使空间显得大气沉稳；精美的欧式吊灯也为空间增添一丝优雅的韵味。

对于室内空间而言，家具具有较大的灵活性和可变性。设计者利用家具灵活多变这一特性，能够变换空间的使用功能，进而提升空间的利用率。同时，在住宅中，家具与人的联系相对密切，它作为建筑物与人之间的过渡物，能让人在冰冷的室内空间中感受到温暖，带给人一种稳定舒适感。所以家具的选择尤为重要，设计者应该清楚地明白家具的使用功能与人的活动之间的关系，不同功能的家具可以围合成不用的空间使用类型。例如，沙发、茶几组成座谈空间；睡眠空间由床和床头柜组合而成；餐桌、餐椅的组合必然是餐饮空间的代表（图 2-12）。设计者还可以利用家具划分不同的空间，使空间利用率得到更大的提升，同时，通过布置家具组成不同的空间，增加了空间的可变性，也会带来更加通透的视觉效果。例如，在客厅和玄关处，利用屏风或者隔断墙划分空间，加强了室内空间的层次感；用酒柜隔开餐厅和起居室，既划分了不同的功能区，又增加了储物功能（图 2-13）。家具不仅仅具有使用功能和空间划分功能，也能起到与陈设一样的装饰作用。它在满足人们日常使用的基础上，还能够通过其本身的风格、造型、颜色、图案、材质等因素来营造整个居住空间的环境氛围（图 2-14）。

图 2-12　餐厅陈设

【点评】不同的家具能组合成不同的功能空间。在天健仙台城空中别墅样板房的餐厅设计中，餐桌餐椅简单地组合成餐饮区，现代奢华的白色餐桌搭配黑白餐椅，整体给人简洁素净感。为了协调空间中的冷色，设计者利用花卉这一陈设为空间增添了更多的暖色，使冷暖颜色搭配协调，共同营造出良好的用餐环境。

【点评】在居住空间设计中，餐厅和厨房两个功能区是相邻相伴而生的。图 2-13 所示的餐厅和厨房用一面半实半虚的墙体分开，上半部分墙体用玻璃方格组合而成，既起到了划分空间的作用，又具有一定的通透性。图中白色的餐桌和木质原色的餐椅搭配，简约中带有一丝田园气息。

图 2-13　餐厅与厨房的隔断

图 2-14　起居室中的家具

【点评】该案例是杭州中北花园二期 B 户型样板房起居室的设计。图 2-14 所示的起居室的风格典雅大气，整体色调使用了暖暖的黄色系，暗黄色地毯的花纹在灯光的照射下清晰可见。整个起居室的亮点莫过于那张孔雀蓝的沙发，它为空间增添了一抹亮色，在沙发的衬托下，起居室散发着端庄优雅的韵味。

陈设在居住空间中的使用十分广泛，而且陈设的内容也十分丰富，从书法、绘画、布艺、雕塑作品到绿植、灯具、五金配件等，都是陈设艺术在住宅空间设计中的体现（图 2–15）。现如今的陈设艺术如同日常生活中人们的日常梳妆打扮一样，陈设就是人们利用艺术的手法对家居生活进行装扮。不同的陈设物具有不同的功能。陈设物可以分为功能性陈设物和装饰性陈设物两种主要类型，也有兼具功能性和装饰性的陈设物。例如，一些字画作为艺术品，悬挂在墙壁上起到很好的装饰效果（图 2–16）；绿植在空间中的应用不仅起到美化环境的作用，还有净化空气的效果（图 2–17）。灯具在生活中十分常见，它作为家居中必不可少的物品，以其独特的属性展现出实用性、引导性和装饰性（图 2–18）。设计者要注意的是陈设物从其外部形态、颜色、艺术风格、肌理等的选择都应与整体的室内空间氛围统一协调。对于空间的艺术效果而言，陈设物的摆放方式和数量应该起到锦上添花的效果，并且遵从居住者的喜好和生活习惯上出发，表达个性的同时紧密联系空间设计主题和内涵，使空间内部功能分区、界面造型、家具和陈设达到艺术风格上的统一（图 2–19）。

图 2–15　卧室中的陈设

图 2–16　起居室中的陈设

【点评】该案例是麓谷林语 S–5 别墅样板房卧室的设计图。图 2–15 所示的卧室设计集现代简约于一体，咖啡色的窗帘沉稳大气，床头背景墙、抱枕与床头灯也使用了相同的色系，使整个空间和谐统一。床头的装饰画在灯光的照射下熠熠生辉，散发出优雅迷人的气息，体现了主人独特的审美体验。

【点评】在居住空间设计中，装饰画作为陈设的一种，能给空间带来不一样的视觉体验。图 2–16 所示的是一处起居室的设计图，图 2–16 中沙发背景墙上的三幅花鸟装饰画，既弥补了墙面的单调，又为室内增添了一股自然的清新，红色格子沙发朴素大方，照片墙也是吸引人眼球的一大亮点，可见主人有着独特的生活情趣。

图 2-17　书房中的绿植　　　　　　　　　　图 2-18　具有装饰性的灯具

【点评】该案例（图 2-17）是一处书房的设计图，淡蓝色的照片墙配以深蓝色的沙发，营造舒适的休闲区域；白色的书架镶嵌墙体之中，节省空间又有藏书功能；书架中不光有书籍和装饰画，更有精巧可爱的小绿植。书房中不乏大型绿色盆栽，营造出了清新自然的环境，主人坐在其中看书交谈，享受着"人造"的自然景色，别有一番风味。

【点评】该案例（图 2-18）是金叶岛第十区 5 栋 305 户型样板间中会客室的设计，重点展现了灯具在室内设计中的装饰性作用。当人们走进会客室，第一眼便会被造型丰富别致的灯具所吸引，圆形的天花造型与灯具的造型完美结合，暗藏灯带的处理实际上是为了更好地体现灯具的造型之美，也体现出主人独特的品位。

图 2-19　起居室中的灯具与陈设

【点评】该案例中起居室的设计简约质朴，米黄色的沙发和天花墙面的颜色相一致；天花没有做过多的处理，大方简单的方形吊顶配以造型简洁的吊灯，使整体风格不显得突兀；沙发上方的照片墙用黑白色的相框围合成方方正正的矩形，与天花造型相呼应；蓝灰色的条纹地毯为空间增添了一抹亮色。

2.1.3 照明与色彩

关于居住空间的设计是否协调统一，照明和色彩的运用起到了至关重要的作用。照明和色彩二者之间的联系密不可分，二者在整体空间氛围的营造中缺一不可。和谐统一的室内照明和色彩搭配能创造出富有情趣又优雅的居室环境，照明和色彩的合理运用既能够充分体现出"以人为本"的设计法则，也营造出了一种舒适愉悦、温馨休闲又独具个性化的空间氛围，给人视觉上带来了美的享受，心理上能产生轻松愉悦之感（图2-20）。

图2-20　起居室中色彩和照明的统一

【点评】该案例是湖光山舍的样板房，展现出居住空间中照明和色彩的有机统一。图中墙面上淡绿色的带状图案在墙壁上灯带的照射下，如一片充满生机的绿色森林一般，散发着无尽的自然气息。居住者在这样的环境中生活，身心怎能没有轻松愉悦之感？

按照目标可以把居住空间中照明的具体应用分为功能性照明和装饰性照明。功能性照明是利用各种光源为人们的生活、工作提供便捷，创造良好的照明效果和可见度，实现人们对光的需求。例如学生用的台灯，就是很纯粹的功能性照明的典范。装饰性照明是现代社会不断进步和完善的产物，人们不再是仅仅需要传统意义上的实用性照明，而是要通过灯具这一特殊的"空间语言"创造出令人赏心悦目的空间氛围。在兼具功能性的基础之上，灯具的造型、颜色、肌理和风格都会为空间氛围增添不同的艺术效果（图2-21）。

图 2-21 餐厅的照明

　　【点评】该案例展现了餐厅中的照明设计其亮点在于餐桌上方的灯具。一组普用的灯泡在设计者的组合下，别有一番韵味；灯具距离桌面较近，为的是给用餐者带来更加美妙的用餐环境；实木的桌椅和酒柜配以木色地板，显得空间沉稳大气。

　　空间中的照明按照灯具的发光方式来划分，可分为直接照明、间接照明、半直接照明、半间接照明和漫射照明五大类。不同的区域应选择不同的照明方式，例如为了突出空间中某件艺术品的重要性，可以选择直接照明这种局部照明的方式（图 2-22）；间接照明的光线较为柔和、没有强烈的阴影，不刺激人的眼睛，所以适用于卧室中，为人们提供良好的睡眠环境（图 2-23）；半直接照明则通过加上灯罩的方式，有效地避免眩光，用于书房、餐厅等环境中；漫射照明的效率偏低，适于一些光线要求不高的区域，比如走廊、门厅处等（图 2-24）。

　　【点评】局部重点照明在居住空间中很常见。图 2-22 所示的沙发上方的装饰画，为了凸显其艺术效果，配以重点照明的灯光打在上面，让观赏者可以更加仔细琢磨画中的情景，营造出神秘又充满艺术感的空间氛围。

图 2-22 起居室中的局部重点照明

图 2-23　卧室中的照明

【点评】卧室中多采用间接照明的手法，为人们营造舒适的睡眠环境。图 2-23 所示的床头柜两头设有台灯，加之天花处的暗藏灯带，都属于间接照明的方式，避免居住者眼睛受到强光刺激而产生眩晕，是比较人性化的设计。造型独特的吸顶灯既有照明效果，也具有极强的装饰性，蓝灰色的地面和床褥在灯光的照射下散发着无尽的暖意。

图 2-24　走廊处的照明

【点评】图 2-24 中走廊玄关处多采用漫射照明。该案例中是一处住宅的走廊处，采用常见的筒灯照明的方式，满足了居住者的照明需求，纯色的天花配以相同色系的大理石地板，在筒灯的照射下显得简约大方，不落俗套。

色彩在居住空间中无处不在，天花、地板、墙壁、家具、陈设品等要在空间中要形成一个整体的色彩基调。只有空间组成元素的色彩达到和谐统一的状态，才能让室内空间显得井然有序，而太过突兀的色彩组合则会使空间显得琐碎凌乱。设计者在对空间色彩进行设计时，首先应该确定空间的基调颜色，也可以说是主体颜色；然后将基调颜色用于地面、墙面、天花等各界面中；最后注意家具和装饰物品的颜色也应与主色调保持一致。另外，设计者应该注意不同的功能空间所应用的色彩应不尽相同。例如，卧室作为静态空间，人们需要良好的休憩环境，应该使用一些较为柔和、典雅、安静的颜色（图 2-25）；起居室作为人们交流的区域，应该使用简洁明亮的颜色，使房间显得更加宽敞透亮（图 2-26）；儿童房使用的色彩常常采用鲜艳、活泼的颜色，符合儿童的心理特征，有利于培养儿童敏锐的视觉能力，完善儿童的性格发展（图 2-27）。

图 2-25　卧室中的色彩　　　　　　　　　　　　图 2-26　起居室中的色彩

【点评】该案例（图 2-25）卧室中的色彩属于暖色系，红色的实木地板给人的感觉比较燥热不安，但配以柔和的灯光以及蓝灰色的地毯，削弱了红色对人的刺激程度，为居住者营造出温和舒适的睡眠环境。

【点评】该案例（图 2-26）是武汉金地格林春岸 10 号楼 C 户型起居室设计，设计者使用了纯白色的沙发、地面以及墙面，配以黑色的座椅，给人一种生硬清冷的感觉，但沙发后的两幅暖色系的装饰画，配以暖洋洋的黄色灯光，中和了冷色，为人们营造出良好的交谈空间。

【点评】一般儿童房中色彩比较多样化，有利于儿童的成长发展。图 2-27 中儿童房以粉色的沙发、墙壁和蓝色的书架、柜子为主，配以木色地板和桌子，塑造了舒适多彩的空间氛围，适合儿童的心理特征。

图 2-27　儿童房中的色彩

现代居住空间设计中，照明和色彩的设计是相伴而生的，室内环境中缺少色彩时可以通过灯光来弥补这一遗憾，同时，单一的灯光照明效果也可以在色彩的烘托下变得丰富多彩。例如，在大部分朝北的房间中，因为缺乏阳光的照射而显得格外阴冷，如果这时将房间的界面设计成偏暖的颜色，就能弥补阳光不足的问题，再加上暖色调的灯光照明，就会让房间显得更加温暖，营造出温馨的家居生活环境（图2-28）；同样的，在阳光充足的房间中，配以冷色调的色彩和灯光效果，就能降低房间内产生的燥热不适感，给居住者带来更加舒适的生活环境（图2-29）。

图2-28　配以暖色调的卧室

图2-29　配以冷色调的卧室

【点评】图2-28所示的卧室色调原本是简洁淡雅的白色和淡蓝色，但大面积冷色在卧室中使用会显得过于冷清，所以设计者在背景墙上设计了一块红色的区域，中和环境中的冷清，为居住者营造温暖的居住氛围。

【点评】从图2-29中可以看出卧室带有阳台，所以朝阳的房间有过多的阳光射进屋内，会给居住者带来烦躁之感，所以设计者在卧室中采用了淡蓝色的墙壁以及深蓝色的窗帘、抱枕，缓解燥热的感觉，为居住者带来一丝清凉。

2.2 居住空间设计的原则

居住空间设计的目的在于为人们设计出一个舒适、安全、温馨的"家"，所以在空间设计中应该遵循"以人为本"的原则，设计者要从不同人群的角度出发，研究他们的心理特征、日常生活需求等，从而才能了解怎样才是人们心仪的居住空间设计。所以居住空间设计是一个相对较复杂的过程，不仅要考虑到居住人群的使用功能，还要满足他们对精神功能的需求。在此基础上，设计者应该遵循人体工程学和环境心理学，为人们创造出更加人性化的生活空间。

2.2.1 使用功能和精神功能

当代居住空间设计更加趋向于后现代主义设计，伴随着人们生活水平的提高，人们更加注重自己居住空间的品质。这不仅仅体现在对使用功能的要求大大提高，也体现在注重室内居住环境给居住者带来精神体验，因此当下的设计师在设计中要保持使用功能和精神功能并重，设计出为大众所接受的更高水准的居住环境。首先，设计者应该遵循以人为本的个性化设计倾向，保证住宅设计满足居住者的个性化追求。其次，设计者应该重视空间与人之间的交流，创造出令人轻松愉快的居住体验；同时，设计者应该在新材料、新技术的引导下，把更多地域性和文化元素引入到设计之中，创造出不同于以往的居住形式。下面将分别从使用功能和精神功能两方面解析居住空间设计中需要注意的细节。

居住空间的使用功能是住宅设计的重点，设计者需要在了解使用功能的基础上对空间做出合理的划分，对原有的室内空间进行科学合理的规划与布置，以满足人们日常的生活需求。不同的空间负责不同的使用功能，它们扮演着不同的角色。例如，起居室是居住空间中的公共区域，它是人们家庭生活中兼具会客、休闲娱乐、家人交流等主要生活功能的核心区域，另外它还具有阅读、休憩等辅助使用功能（图 2-30）。所以在规划设计时除了需要创造出温馨舒适的空间氛围，还应加入更多的辅助功能，达到起居室的功能多样化，满足使用者不同的生活需求；厨房的基本使用功能是烹饪、储藏和清洗，在设计时应该按照居住者的要求，设计出合理的空间布局，提高厨房的使用效率，节省使用者的时间（图 2-31）。

图 2-30　两用型起居室

图 2-31　厨房

【点评】图 2-30 所示的起居室兼具了书房和会客的功能，设计者在电视背景墙面上打造书架，充分利用墙面提高了空间的使用效率；书架既有储物功能，也可作为独特的背景墙，起到观赏功能，一举两得；蓝白色的书架与沙发座椅的颜色相呼应，整体营造了安静舒怡的起居环境。

【点评】图 2-31 中厨房的设计，端庄大方，在地面和墙壁上使用了色系相同但造型不同的复古砖，使空间变得耐人寻味；白色橱柜与复古砖形成鲜明对比，让人眼前一亮；不锈钢的厨具与复古的色彩形成对比，富有古今交融的韵味。

随着人们物质水平不断提高，居住空间的设计不再局限于使用功能，精神功能对于居住者来说也很重要。当人们在外奔波了一天，回到家中，更渴望的是家能带给自己精神上的抚慰，让自己忘记熙熙攘攘的都市，享受家的宁静与安逸。所以如何将居住空间的精神功能引入到设计之中，是设计师们关注的重点。现在的设计不能完全遵循"形式服从功能"的功能至上原则，应该更多地遵循"以人为本"的原则，关注人们的内心感受，探寻人们的内心情感，设计出人们真正想要的家的感觉，而不是设计出一间冷冰冰的屋子。精神功能在居住空间中的独特性是无法取代的，因此在设计中，设计者应立足于人文情怀，使居住空间成为人们的精神依托之处。例如，书房是人们工作、阅读和书写的空间，它的使用功能很单一，但是它能够给人们带来宁静、优雅和轻松感，这就是精神功能的强大之处。当人们进入到安静私密的书房之中，翻开书页，品一杯香茗，忘记都市的喧嚣，紧绷的神经得以放松，这就是书房带给使用者的精神功能（图 2-32）。所以，设计者应该注意居住空间带给人的精神作用，在设计时把精神性功能贯穿于自己的设计之中，设计出更多的为人服务的室内空间。

图 2-32　书房

【点评】舟山保亿风景沁园样板间书房的设计简约大方，黑色的书架、浅木色的地板和灰色的地毯完美统一，配以黑色的书桌和纯白色的皮质沙发、台灯以及白色的花束，打造出现代感十足的空间氛围。黑白灰的空间显得过于冷清，因此设计者采用了暖色的灯光照明，为居住者打造舒适的阅读环境。

2.2.2 人体工学和环境心理学

人是居住空间的主体，居住空间设计的核心就是为人而设计，所以一切设计都是以人为出发点，设计者应该考虑如何将人体工程学和环境心理学应用到室内设计中，为人们创造出更加舒适便捷的生活体验。同时，设计者应该了解人体工学和环境心理学与居住空间设计之间的联系，了解人本身对于居住空间的尺寸要求，了解环境中的光影、色彩、物品的肌理和质感以及空间形态等对人的心理造成的感受，这些在设计者进行各功能空间设计时具有重要的指导作用。下面，将从人体工程学和环境心理学两方面阐述二者对于室内空间设计的重要性。

人体工学应用范围广泛，基本上各行各业的设计都是以人为主体，所以在任何设计中都必须依照人体结构功能与产品之间的关系进行合理设计。人体工程学在居住空间中的应用表现为：以人为主体，运用人体计测、生理计测、心理计测等手段和方法，研究人体的结构功能、心理、力学等方面与室内居住环境是否合理协调，以达到适合人们日常生活的基本要求，获得最佳的使用效能，其目标是安全、健康、高效、节能、舒适。人体的尺寸与居住环境之间的关系有两种：一个是动态尺寸，另一个是静态尺寸。动态尺寸是指人在活动中所测得的尺寸，例如，人抬脚上楼的高度一般是 150mm，由此可以确定每个楼梯台阶的高度差不多是 150mm。静态尺寸指在固定标准动作的情况下，人体各结构所测得的尺寸，例如，根据人体的静态尺寸，可以确定座椅的高度为 400 ~ 430mm，双人床的尺寸是长宽 1800mm×2000mm，高度为 400 ~ 610mm。以下是根据人的动态尺寸和静态尺寸绘制的各功能区常用的人体尺寸（图 2-33）。

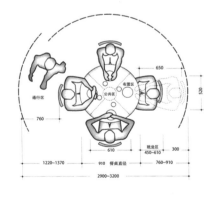

单位：mm

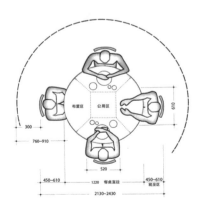

单位：mm

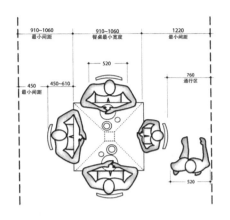

单位：mm

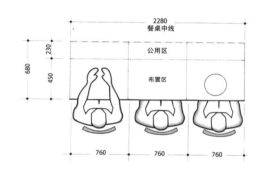

单位：mm

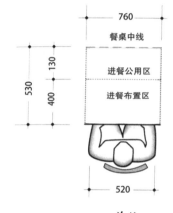

单位：mm

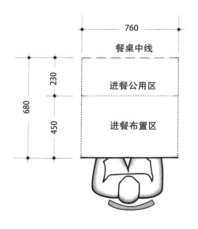

单位：mm

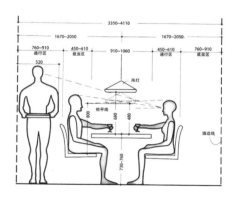

单位：mm

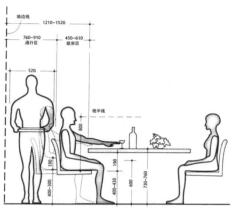

单位：mm

（a）餐厅的人体尺寸与周边环境的关系

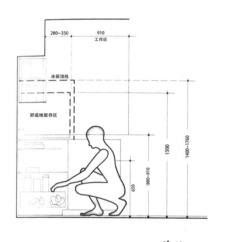

单位：mm　　　　　　　　　　　　　　　　单位：mm

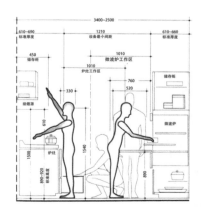

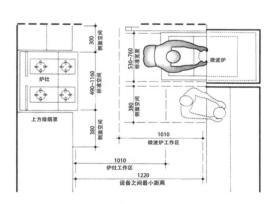

单位：mm　　　　　　　　　　　　　　　　单位：mm

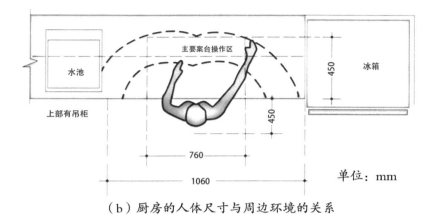

（b）厨房的人体尺寸与周边环境的关系

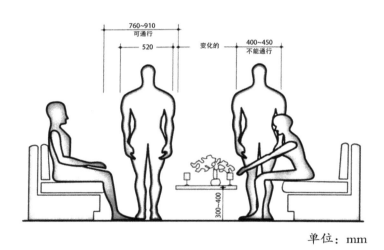

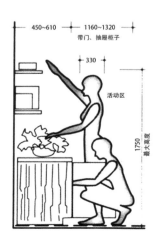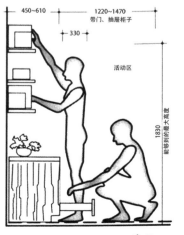

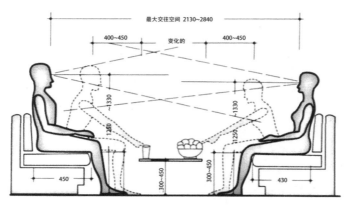

单位：mm

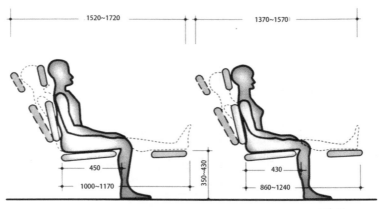

单位：mm

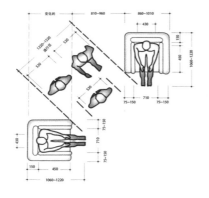

单位：mm

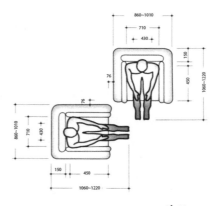

单位：mm

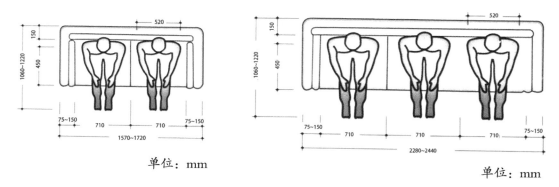

单位：mm

单位：mm

（c）起居室的人体尺寸与周边环境的关系

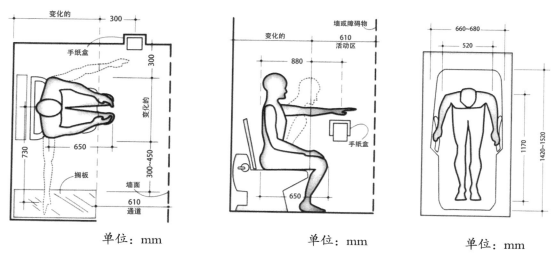

单位：mm

单位：mm

单位：mm

（d）卫生间的人体尺寸与周围环境的关系

图2-33 各区域人体与周边环境尺寸图

在居住空间中，设计者仅掌握人体的基本尺寸是不够的，因为人是有思想、有行为、有感情的。一个好的居住空间设计，应该在生理和心理两方面同时满足居住者，所以设计者在设计中，应该重视环境心理学在室内空间设计中的重要作用。

环境心理学是研究环境、人的心理和行为之间关系的一个应用社会心理学领域，又称人类生态学或生态心理学。它在在居住空间中的应用尤其广泛，甚至是无处不在，不同的空间处于不同的环境中，就对人的心理会产生不同的影响（图2-34）。

第一，在居住空间中，光环境、色彩环境和声音环境都会影响人的心理和生理健康。例如，不同的光线会给人带来不同的心理反应，当人们从暗处走向亮出的时候，眼睛会无法适应强光带来的刺激，眼前就会产生短暂的漆黑，所以在玄关处，光线尽量使用柔和的灯光；不同颜色的色彩环境会给人带来不同的视觉体验，也会给人不同的心理感受，粉红色会给人甜美温柔之感，但是如果长期生活在粉红色的环境中，会导致视力减弱，听力减退，因此在居住环境中不要大量的使用粉红色（图 2-35）；宁静纯洁的白色在室内经常用到，如果纯粹的使用白色作为居住空间的主体颜色，会使人感到冷清孤独，所以需要配合其他温暖的颜色，给人温馨安逸之感；声环境在室内中对人的心理影响也很大，噪声不仅影响人正常的生活，还会使人的情绪变得焦躁不安，因此在居住空间中应该使用消音功能的楼板、门窗、吸音板等。

图 2-34　卧室　　　　　　　　　　　　　　图 2-35　卧室

【点评】该案例（图 2-34）是福州泰禾 B 户型样板间的设计，卧室的色调以米黄色和白色为主。白色的床头柜和电视柜给人干净清爽的感觉，米黄色的墙壁和被褥让人感到很温暖，床头的两幅装饰画和电视柜上的装饰画都采用了暖暖的红色和黄色，使整个空间的颜色更加丰富，床头灯也带有暖色系的花纹，给居住者创造了温暖舒适的睡眠环境。

【点评】图 2-35 所示的卧室给人的感觉就是女性卧室，因为设计者采用了粉色和白色。由于粉色在卧室中不能大面积的使用，所以设计者也只是在抱枕、相框和花卉等地方使用了粉色，墙面和地毯则使用了白色，地面铺装使用了沉稳的黑色来中和空间的轻色调。

第二，不同材质的物体给人的心理感受也会有所不同。例如，坚硬厚实的木质家具会给人稳重敦实之感；柔软光滑的织物会给人清凉舒适之感；透明平整的玻璃会给人通透利落之感（图 2-36）等。

第三，不同的界面高度和围合方式也给人不同的心理感受，过低的空间会让人感到压抑，过高的空间会让人感到缺乏安全感，例如，在挑高较高的起居室设计中，设计者对天花界面多做一些装饰效果，一方面可以降低高顶面带给人的空旷感，另一方面可以增加空间中的视觉层次，值得注意的是，吊顶灯的使用也能够起到降低空间的作用；底面加顶面的围合私密性较低，常用在餐厅和起居室等开敞空间；底面加顶面加三个立面，常用在卧室等私密性较高的空间（图2-37）。

图2-36 起居室

图2-37 起居室

【点评】图2-36所示的起居室设计的质朴大气，虽然没有奢华的灯具陈设，但是蓝色和米黄色的布质沙发给人朴素淡雅之感，木色的地板给人厚实沉稳的感受，民族风的地毯带来一种异域风情，创造了别具一格的装饰效果。

【点评】图2-37所示的角度看起居室，由于墙面与地面之间的距离过低，给人一种压抑感，设计师在挑高不够高的情况下，尽量减少对天花界面进行吊顶或者其他设计手法，避免造成空间过低给人带来的不适应感。

复习与思考

1. 思考空间设计的要素和原则主要有哪些?
2. 在今后的设计中如何运用空间设计的要素和原则?
3. 结合课程训练的作业，在实践中使用相关要素和原则。

课堂实训

熟练掌握本章重点内容，活学活用，寻找现存设计不合理的空间进行有针对性的分析调研，列出不合理之处并提出改善办法。

第 3 章

居住空间设计的
方法与流程

学习要点及目标

● 了解居住空间设计的各类思维方法，获得新的设计思路；

● 熟悉居住空间设计的设计流程，掌握各步骤中的设计要点；

● 结合理论知识进行实际案例的设计。

核心概念

思维方法　设计流程　立意主题

引导案例

图 3-1 所示的是戴琨设计的 90m² 曼哈顿蓝调样板房，设计师借鉴了纽约公寓充满文艺气息的设计风格。根据户主的实际情况，设计师利用有限的空间打造出了一个布局紧凑、颇有格调的的居住环境。在布置上，由于层高有限，采用的是线条简洁的家具，以强调理性的装修风格；同时利用精致繁复布艺装饰点缀空间，避免空间环境太过单调冷清，丰富的装饰物增加了居住空间的韵味。

图 3-1　起居室

【案例点评】该 90m² 的户型中起居室的设计稳重大气。敦实厚重的美式布艺沙发和木质茶几、电视柜等家具的搭配，配以有独特且精致纹样的抱枕以及繁复花色地毯，背景墙考究的装饰画、桌面上烛台、绿植、雕塑等各种装饰物的点缀，都可以看出整个起居室的布置颇为讲究且恰到好处。

本章主要通过介绍居住空间设计的整体思路及思维方法，阐述整个设计流程，详细叙述各个阶段的注意要点与方法，使读者在开始进行设计时能迅速打开思路，并获得一套适用的设计方法。读者可根据所提供的设计流程按步骤进行，从而避免在案例设计时走弯路，浪费宝贵的时间与精力。

3.1 居住空间设计的思维方法

居住空间设计属于一种三维立体空间设计，设计师需考虑到平面、立面以及空间整体的设计效果（图 3-2）。部分学者认为居住空间的设计首先应考虑空间布局、空间功能划分，即平面布置、空间组织和围护结构等。其实不然，当拿到一个设计项目时，设计师应首先根据前期调研了解户主的想法，根据实际情况确定整个设计的立意与主题，其中需要充分利用创造性思维方式，打开设计思路获得设计灵感。其次，设计师需要在把握住整体的设计风格统一的同时，注意细部的巧思设计，从而完成点睛之笔。此外，整个居住空间的设计要注意协调统一、标新立异的同时要与整个空间环境相融合（图 3-3）。

图 3-2　起居室兼餐厅　　　　　　　　　　　图 3-3　起居室兼餐厅

【点评】该案例（图 3-2）的设计精心打造出清新自然的生活氛围。室内的顶、墙、地三个面，只采用简洁的线条、色块来进行区分装饰。家具陈设以北欧风格的结构简单的木制家具为主，局部跳跃的蓝色桌布和抱枕让环境不再沉寂在安静的灰色氛围，变得可爱轻松起来。整个空间干净利落，自然质朴。这一份宁静的北欧风情，绝非是蛊惑人心的虚华设计。

【点评】图 3-3 中自然质朴的原木茶几和餐桌，温和的空间色调，使人情不自禁地放松下来。很多木质都是制作各种家具的主要材料，如上等的枫木、橡木、云杉、松木和白桦等，本身所具有的柔和色彩、细密质感以及天然纹理使它们能非常自然地融入到家具设计之中，展现出一种朴素、清新的原始之美。木制家具的选用需要考虑到空间的整体装修风格，其材质、造型、色彩都需要设计师慎重考虑。

3.1.1 立意与主题

居住空间设计隶属于室内设计，相较于室内设计而言不仅尺度较小，而且更讲求个性化设计。由于设计所针对的人群更为具体，所以在居住空间设计中，要以个体的需求为主，整个设计的立意与主题都要在此基础上展开，设计时细节的处理也要能体现主人的品位与个性。图3-4中设计师对软装的处理，带给人一股清新的田园气息，而图3-5中红色的储物架，绿色的墙面都反映出设计师对空间主题的把握。

图3-4　卧室一角　　　　　　　　　　　　　　图3-5　会客室兼餐厅

【点评】图3-4中软装搭配同样要服务于空间设计的主题与立意。藤编的单人座椅，黑色的圆形抽屉钮，格子碎花的布艺抱枕，这些元素共同组成了空间高品质的格调，在细节装饰中体现了主人的艺术品位，同时也充分展现出欧式田园设计风格特点。

【点评】图3-5中设计师大胆地采用红配绿的搭配方式，合理地把握两种色彩的明度与纯度、使用面积等，使整个空间既不会显得俗气又充满复古的感觉。此外，几何图案的地毯、草编的灯罩、金属制的现代餐桌与座椅等都形成一种混搭风格，突出了主人的个性与品位。在软装上也体现出时代的特征，没有过分地装饰，强调简洁明了，将现代生活快节奏、简约和实用，以及富有朝气的生活气息充分地展现出来。

如今的居住空间设计强求突出个性，这就对设计师的创意思维提出了更高的要求。设计师的创造力可谓是设计师的"生命力"。如果设计师们停止想象或创新，必然会极大阻碍设计师职业生涯的发展与进步。所以一位优秀的设计师需要具备旺盛充沛的头脑活力并始终保持孩童般天马行空的想象力，这点与艺术家的要求是相同的，一个好的设计师同样也是一位优秀的艺术家。

创意思维作为整个设计项目的开端，同时也是核心。设计师需要有自己的想法和概念，对逻辑思维、灵感思维、形象思维等思维方式要有所了解和掌握，同时还要能自发运用创意原理去组织整理各种复杂的环境、空间、文化等因素，从而获得独具个性化的新的意象、结构、形式、语言等组成独特的设计立意与主题风格。这样才能形成一个独具个人魅力又颇有内涵的居住空间设计（图 3-6）。

图 3-6　会客室

【点评】由于空间面积有限，所以该案例居住空间的设计在布局上略显紧凑。空间色调以白色为主，使空间显得非常敞亮通透。米白色的布艺沙发、白色的木质餐桌椅、一侧的书架以及随处可见的各类绿植都使该居住空间显得自然素朴却又不失温馨，同时还独具一份生活气息。

　　设计是一种创造性的活动，居住空间创意设计需要营造的是一个在满足基本物质需求基础上，也能让户主在精神需求上得到满足与慰藉且充满艺术品位的空间环境设计（图 3-7）。设计之初，创意首先要体现设计立意与主题，这是一种精神或思想内涵的象征与表达，即需要设计师把握整个设计的中心概念与思想，也就是要把握住空间设计的灵魂。

图 3-7　会客室

【点评】深咖色的沙发和簇绒地毯，给人温暖和放松的感受，清新的绿色点缀在纯白色的空间环境中，使小小的视听空间散发出无限生机，心情也变得更加愉悦。简约的设计并不是因为缺乏设计元素，而是一种高层次的创作，除了强调功能形式的完整，现代简约风格在设计上更追求技术和空间上的表现深度。删繁就简，去伪存真，在满足功能的前提下，以色彩的高度凝炼和造型的极度简洁，将空间、人和物精致地结合，焕发出浪漫的艺术气息。

图 3-8 卧室一角

【点评】该案例中卧室的设计风格以北欧自然简约风格为主，强调线条简练，注重功能实用。空间中各个界面的处理都丢弃了繁琐的装饰，家具以结构简单的木制家具为主，配以米色布艺靠垫及抱枕。此外，小型的盆栽摆放在房间各处，更是为空间增添了一丝温馨与生机。房间中各个细节的设计都服务于空间的整体设计风格。

居住空间设计的立意与主题具有丰富的趣味性和多样性，可根据实际情况（图 3-8）如户型、面积、位置、户主需求等客观条件，融合设计师主观的灵感想法和设计理念，来体现空间意境、地域风情、人文文化、另类个性等。灵感可以来源于城市文化、历史、地域或者民俗风情，也可来源于生活细节、户主性格爱好等（图 3-9），结合感性思维与理性思维于一体，使独具特色与创意的空间设计主题成为人们的记忆符号。

图 3-9 卧室

图 3-10 起居室

【点评】图 3-9 中温和的粉色系，繁复的彩色花边，各种美丽活泼的装饰花纹，家具边缘的曲线设计，以及各类可爱的装饰娃娃，都让这个卧室空间透露出独属于小女生的浪漫与活力。法式田园设计风格的选用也充分表现出女性细腻柔美的性格特点。

【点评】从图 3-10 中不难看出这是一位年轻画家的小面积住宅空间。为了让空间显得不那么局促，设计师对墙面未做任何处理，仅以白色乳胶漆进行涂刷，原木色的台几，白色的隔板，白色的复合地板让空间显得宽敞明亮。室内的抽象绘画作品则为空间增色不少，橘色的布艺沙发给室内增添了十足的活力。

设计师在形成设计的立意与主题的过程中融入了自己对空间构成的一些想法，这些想法通常是实际调查后所获得的结果。但是有时设计的立意与主题也可以先形成大概的雏形，再根据实际调查结果对立意与主题进行修改，使之更加精炼。图 3-10 所示的是一处小空间的住宅区域，不足 10 平方米的面积，设计师为这位画家打造出一个两用的惬意空间，既可会客交流又可进行创作。

确定了设计的立意与主题后，经过进一步加工往往会形成一个概念方案，在概念方案的确定过程中往往是理性和感性碰撞之后的相互融合协调的结果。图 3-11 中设计师首先确定了利落朴素的空间设计风格，通过深色的石材地面，结构简约的书架书桌，样式简单的落地灯来体现设计主题和风格。同时，满屋各式各样的绿植，以及绿色的布艺沙发配以充满异域风情的深红地毯，抓住人们的视觉焦点的同时也体现出了空间设计上浓烈的感性色彩和韵味。

图 3-11　会客室兼书房

【点评】质朴的设计风格，没有给人任何的粗糙感，相反朴素的石材地面被一块异域风情的地毯唤醒，绿色的沙发充满趣味性和新奇感，设计师对于色彩的应用恰到好处。设计秉承了北欧经典风格，简约明快。整个空间整洁大方、井然有序、色彩缤纷、功能丰富、温馨无比。

3.1.2 整体与细部

细部服务于整个整体，并最终需要达到"1+1 > 2"的效果，这里的细部指的是居住空间设计中各个设计要素，即造型、色彩、材质、光影等（图3-12）。俗话说细节决定成败，在居住空间设计中同样也是如此；或者换个角度考虑，对每个细节的推敲与考量正是设计师在设计过程中逐一进行的阶段性工作，这也是每个设计师设计功力的体现。优秀的设计师对细部的考量和拿捏理应是合理和精巧的，而对于空间的整体感知上需要总体地把握各部分的协调和统一（图3-13）。

图 3-12　餐厅

图 3-13　书房

【点评】图3-12中整个餐厅以美式乡村风格为主，大型厚重的深色木质家具，米色的沙发座椅，各类材质和造型的餐具整齐地摆放在餐桌上，让整个就餐环境稍显严肃压抑。而深红的木质地板上铺设着的花色地毯成为空间中的点睛之笔，使较为肃穆稳重的空间氛围又增添了一抹热情与活力。

【点评】图3-13中简洁利落的装修风格，蓝色和黑色的稳重搭配打造出单身男性公寓的环境氛围，彰显成熟睿智的气息。充满质感的家具的选用与组合，让空间整体格调颇为稳重大气，给户主身心带来舒适愉悦的体验。

在考虑整体与细部的设计环节上，设计师需要拿捏一个"度"的问题，多一分细节的表现就会过于突出，设计会打破整体的和谐，少一分则会少了一份精致和讲究。例如，作为一种文脉的传承，传统古建筑中就多是由各个复杂、零碎的结构部件穿插组成，各个结构平面也有精细考究的纹样装饰点缀其中，随着岁月的沉淀久而久之形成了不同类型的装饰风格。而对于居住空间设计的发展史来说，建筑风格的种种变迁深深地影响了当时相应的室内装修风格，而"设计风格"也可通过空间"细部"的组织处理来展现。

一个精致、优美、令人感到神清气爽的空间环境离不开设计者对空间细节设计的注重，所以说一个成功的居住空间设计案例必然是通过设计师的深思熟虑后，有针对性地进行细节的组织和处理的结果。好的设计作品伴随着时间的推移也还是耐得住观者的研究与推敲的，细节之处是值得细细品味的，所以空间中细节设计的丰富性就起到了关键的作用，细节的产生常常会给人带来耐人寻味的效果（图 3-14）。

　　细部设计是空间中的点睛之笔，往往不经意间吸引人们的目光，但只有空间的整体风格主题统一与融合才能成为户主心灵的港湾，才能成为一个完整和谐的"家"（图 3-15）。需要注意的是整体不是细部的简单堆砌，从细部结构到整体空间的转变是从量变到质变的一个过程。毋庸置疑，空间的整体风格主题是需要通过各个细部精心的设计装饰来展现的，设计师在进行细部设计时，需要分清主次、详略得当。然后从整体上，对各细部进行归纳整理，组织删改，从而使各部分及细节能统一于空间整体的主题风格。

图 3-14　书房　　　　　　　　　　　　　　图 3-15　起居室

　　【点评】图 3-14 是一个阁楼的改造设计，设计师充分利用了空间面积，为户主精心打造出一个温馨私密的阅读空间。顶面若影若现的花色壁纸仿佛天空中的繁星，清新雅致，让这个书房充满了浪漫的气息。

　　【点评】图 3-15 中开敞通透的空间环境，适宜的尺度，温和雅致的空间色调，原木色的书柜，以及精心布置点缀在空间中的抱枕、地毯、彩色茶几、落地灯、绿植等组合，为主人提供了一个最佳的交流环境。

　　细节的组成并不代表整体的全部，但必须蕴含着整体的气韵。不能因为细节的得失而影响整体的考量，这是以偏概全、盲人摸象的做法。看一个设计作品如同欣赏一件艺术作品，人们最先感受到的是一个整体的气韵氛围，其次才是造型、色彩、肌理、材质等细节。整体包含细部，由细部展现整体。人们脑海中对于空间环境的完整立体的印象是来源于各个局部信息的糅合，此时细部和整体的关系不再是简单地堆砌，而是融为一种崭新的面貌展现在观者面前（图 3-16）。

【点评】该案例中起居室的设计非常注重整体风格的统一，空间中无论是地毯、窗帘、桌布还是抱枕，上面的各种纹样图案在细节处是各不相同，但远观不论是形式还是轮廓从整体上是趋于一致的，合理的组合搭配体现了清新雅致的欧式田园的设计风格。这样精心的细节设计颇能看出设计师的功底。

图 3-16 起居室

3.1.3 协调与统一

统一就是部分联成整体，分歧归于一致。在居住空间设计中所强调的统一就是空间中各单体和整体空间环境间要有统一的共性（图 3-17）。当将空间中不同元素相互合理的组合起来时，能形成一个有序的空间主题或风格。

达到统一的技巧和方法包括对线条、形体、质感或颜色的不断重复——在大的空间环境中，将一组相似的设计元素有序地连接成一个线性排列的整体，往往就会形成一种元素的统一。当这些元素形成一种搭配组合的定式时，就形成了人们口中的"风格"。这些所谓的风格只是后人对前人设计成果的系统性总结。风格的形式就是人们所追求的空间中各元素间纯粹的协调与统一，然后所达成的一种和谐的美感（图 3-18）。

图 3-17 书房

图 3-18 起居室

【点评】该案例（图 3-17）的书房由于物品较多乍一看稍显凌乱，但仔细观察可以看出空间的色彩搭配十分协调，灰色与各种粉嫩的颜色组合起来显得十分浪漫可爱。在材质的选择上也达到了统一，木质的书桌、书柜，布艺的沙发与装饰物等都很好地搭配起来，相得益彰，让书房更显温馨。

【点评】该案例（图 3-18）的起居室的设计采用的是西欧田园风，房间中碎花图案随处可见，如窗帘、沙发座垫、抱枕、壁纸等，浓浓的田园风扑面而来。此外，大面积的手绘壁画，给主人的住宅带来春天的气息。

协调是一种感受与体验，同时也是指观者在感官上所获得的"协调"感。当然，一些设计师也会利用人们在感官上形成的巨大反差而创造令人十分惊艳的设计，但当我们将协调带入居住空间设计时，我们是不提倡采用这样夸张和有冲击感的设计形式的。

协调，即和谐一致、配合得当。要求设计师在进行居住空间设计时，合理正确地处理安排空间各要素之间的各种关系，如各个墙面的关系，家具与墙面的组织关系，家具之间的组合关系等，只有各要素之间的关系达到协调才能形成良好而又舒适的空间环境（图 3-19）。

图 3-19　卧室

【点评】该案例中的卧室在各界面与家具关系的处理上有值得大家借鉴的地方，床头背景墙的花色壁纸，深绿色的床上用品，地面上深色的格纹地毯，三者相互呼应，使空间主题与风格统一。在柔和的暖色灯光的烘托下，卧室环境显得十分温馨雅致。

3.2 居住空间的设计流程

设计师在为业主进行整体设计时，应先以手绘的草图形式或用计算机辅助设计，将构思过程直接反映出来。草图中包括室内透视图、界面立面图、平面布置图、天花布局图、结构详图，在图纸上还要标出所使用的材料（图 3-20）。

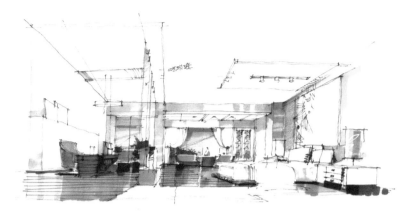

图 3-20　卧室手绘草图

【点评】该案例中卧室的手绘草图采用了一点透视的方法，寥寥几笔展现了设计表达空间关系的能力，色彩上采用油性马克笔的晕染，几笔灰色的色彩将空间的色调表达得清楚自然，是一张绝佳的手绘草图表达作品。

3.2.1 准备阶段

居住空间设计的准备阶段首先需要设计师对场地进行充分的调查研究，通过与项目业主的充分沟通确定设计目标，然后绘制设计草图。准备阶段的工作环节一般有 4 种情况：① 接到项目后联络业主，前往项目地进行调研考察，记录基础数据和资料；② 与业主进行初步交涉，了解相关定位和预算安排；③ 查阅相关资料，收集整理，小组讨论解决空间中主要矛盾，为空间初步定性；④ 初步构思，开始设计空间草图（图 3-21）。以上为个人项目案例，如居住空间中使用人数较多，则要进行之前的调查问卷的采集与整理，来获得公众利益的最大化结果。

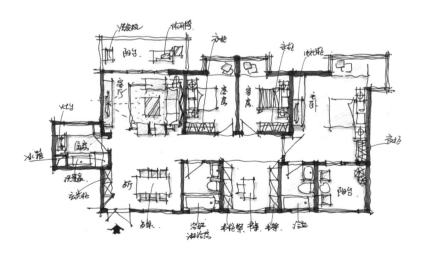

图 3-21　空间平面草图设计

　　【点评】该居住空间草图中需要同时考虑功能布局的合理性和交通流线的通畅性，其中包括大量的空间布局和尺度推敲研究，需要设计师熟练地掌握每样家具的标准尺度，根据建筑的进深、采光、使用习惯等特点进行合理安排，以空间体验为核心，围绕以人为本的原则进行艺术化的设计。

　　居住空间设计常始于调查与协商。首先设计师需要调查业主的使用目的，这里要求单独面对设计项目的设计师不仅要有基本的设计方法与功力，同时也应该具备优秀的心理学家、语言学家的一般性素质。这里不是谄媚业主，而是通过简单的语言沟通能准确地把握业主的想法与心理，并将其意愿体现在初期设计草图上（图 3-22），在初期设计结果的展示中最好要高出业主的"心理预期值"，这对说服业主接纳你的方案是非常有帮助的。因此，有经验的设计师通常在设计前期只会给出一些较为"模糊"的设计概念，当初期设计成果展示出来的时候，往往会获得业主的肯定，这使得设计师把控的操作范围更大，同时也能获得更为理想的设计成果。在这个环节中把沟通作为一门设计中的学问是十分重要的。

图 3-22　客厅

　　【点评】该案例的空间为一处错层式公寓的简约欧式客厅，除了平立面的着重设计之外，对空间透视效果的表达也十分影响空间的体验效果。该手绘选择了一点斜透视的角度，透视点为人视点高度的大约 1.6m，精准的线稿配合几只同色系的马克笔和彩铅将氛围渲染得十分生动，充满优雅的格调。

　　居住空间设计的重要环节是了解使用者以及使用者的居住需求——这里一般情况下是业主。另外还要测量场地的尺度，这一过程的规范性提法即是"立项、场地勘察、场地分析"。有经验的设计师在调查结束后就会在脑海中构筑初步印象，接下来就要进入下一步——概念设计，也就是立意阶段。

准备阶段中还需要具备一定的专业素养与知识储备，其中之一就是对人体工程学这门学科的把握和理解。其实，人体工程学相关的研究应是一个日积月累的学习过程，可以说人的尺度决定了人们日常居住活动空间的尺度，对人体各部分结构尺寸的研究将影响住宅空间设计中的各个部分，如功能分区布局、交通流线、家具陈设的摆放等（图3-23）。

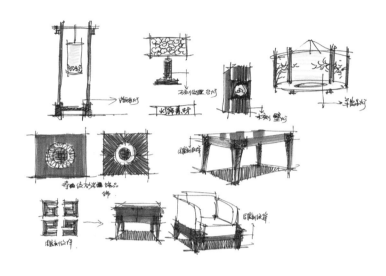

图 3-23　家具陈设的手绘表现

【点评】设计师在研究空间的同时对空间环境中的产品设计——陈设物品，同样也应熟悉和了解，不同风格的空间中的陈设都有各自的特点，这和其文化背景内涵是紧密关联的，所以对单一风格的深入研究不应只停留在表面，而是应追溯其历史渊源，并与当今艺术潮流相结合，设计出经典的风格搭配。

例如，当居住空间的使用者为老人，其空间包含的无障碍设计手法就会与其他项目方案有所区别。特别是近些年人口老龄化的日趋升温，针对"空巢老人"的设计越来越成为对设计师的挑战之一。此外，另一类备受关注的人群则为儿童，其中"留守儿童"在如今受到了极大的关注，对于他们的居住空间设计，需要设计师体现出不一样的人文关怀与照顾。

设计师应始终站在为人考虑设计的角度出发。而关注人的体验性活动，无外乎衣、食、住、行这四个方面。衣，指的是穿着打扮所需的衣物，在居住空间中要有足够的空间为收纳和储存使用，并要为日后的增添留出足够的空间；食，指的是常规的工作生活中一天需要摄入的三餐，每顿饭所需花费的时间也在十几分钟到几个小时不等，特别是在有专职主厨的家庭中，厨房的设计更加需要高效和简洁。根据主人不同的餐饮习惯需要了解当地的风土人情的饮食习惯，依据不同料理的需要，进行备餐、烹饪、就餐的区域设计，同时在水、电、燃气、油烟等危险区域加以安全方案，在创造舒适环境的同时确保主人的使用安全；住，一般情况下人的睡眠及休息时间约占一天的三分之一，可见卧室在居住空间设计中十分重要，一个好的睡眠能带来全天的高效工作，而一个安全、舒适、恬静的卧室则是舒适睡眠所必备的客观条件因素，在卧室色彩的选择上应以温和、柔美的色调为主（图 3-24），例如绿色、蓝色等可将人的身心放松下来，在视觉上得到舒适的享受，相反，如果采用红色、橙色等明度和纯度较高的色彩，则会对视觉神经产生刺激，激发兴奋、高亢等不易于睡眠状态的情绪；行，家作为我们每个人的避风港都会给人像母亲怀抱般的温暖与熟悉，作为每次旅途的起始点和终点，起居室的设计会成为开放空间与私密空间良好的过渡体和中转站，其设计包含了二者的共性，同时，家庭为中心的起居室一般成为接待客人的主要空间，根据其属性应当赋予相应含义的设计。

图 3-24　简约卧室手绘表现

【点评】设计师利用简单的草图线条有意地打造出一个以温和、柔美为主色调的新中式简约卧室，并从灯具、壁纸、挂画等软装上艺术化空间效果，使空间氛围更加具有格调，舒适又充满艺术氛围。

针对居住空间设计的工作者而言，工作方法上具备常规性和代表性的技巧即手绘草图的训练，一些随性的涂鸦和蜿蜒的曲线就有可能在未来空间中实际存在。手绘作为学院派和工作实践中的硬性基础，也成为学校和公司选拔设计人才的必要条件之一，所以学生阶段对手绘的基础训练是毋容置疑的。一张手绘展现的不单单是设计师脑海中的设计思想，同时也展示出设计师的审美能力与造型基础，从一张简单的草图背后折射出的是一个设计师的基本专业素质和实力（图 3-25）。

图 3-25　客厅手绘表现

【点评】现如今伴随技术的发展，设计师可以通过软件渲染得到栩栩如生的效果图，但是基础的手绘训练依旧不可或缺，手绘图是在草图表达时让手脑配合的最为直接的途径，也是在训练过程中提高对空间理解和艺术修养的最佳方式。

草图的重要性在于其是沟通中的一部分。这里再次强调沟通交流依托手段的重要性。当代计算机辅助技术的发展使设计师获得了更加逼真、形象的表达手段与途径，同时也在一定程度上突破了原本的设计局限。但是拥有计算机辅助技术的今天，传统的手绘训练依旧是需要倡导和鼓舞的。手绘在快速表达设计思想、设计交流、分享与学习上具有最为简单、直接和高效的作用。手绘和语言二者共同构成了设计解决问题时的最佳媒介。

3.2.2 创意阶段

一切设计都来自设计者头脑中的**概念**与**构思**，居住空间室内设计也不例外。创意阶段的成果是用来区分设计师助理、设计师、大师的标尺。这里主要介绍创意阶段的工作方法。

设计是一个将复杂转变为简单的过程，其中一大挑战就是如何简化。这点在创意阶段就是设计师需要深入考虑的问题。例如，如何使厨房的操作台更为简化，节约备餐中的准备时间，或是夜晚去洗手间的路上可以不开主灯，用沿路隐约的柔和灯光照亮局部空间。这些简化都可埋藏于细节之中，并最终为居住空间提供实际体验服务，体现设计对生活直接有利的作用与影响。

创意的灵感主要来自 3 个方面：设计师对生活的感官体验、对其他专业领域的探索与涉猎、对艺术的嗅觉与感知度等。其中，灵感的主要来源往往是从设计师的生活体验中获得。

该阶段的表达形式一般为手绘草图，手绘草图配合一定量的文字描述是设计师表达设计思路最简单有效的途径。常用的材料为铅笔、中性笔、钢笔、彩铅、马克笔等（图 3-26）。表现手法也随工具不同，因物而异、因人而异。简单的批注标出图中所需材质，几根看似随意的线条画出透视，一个空间的感受只需要几分钟就可以在纸上勾绘出来。手绘草图是设计交流中的视觉引导物。手绘不仅可以在二维平面上描绘出三维空间，例如空间透视图、轴测图等，还可以将三维空间描绘成更方便测距和规划的二维平面，如常用的立面图、剖面图、平面布局图、节点大样图等（图 3-27）。

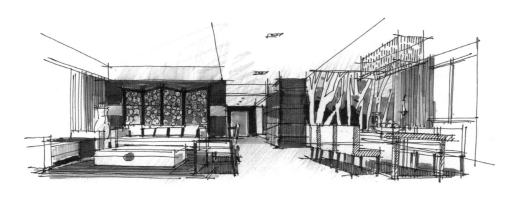

图 3-26　居住空间中客厅和餐厅的手绘透视图表现

【点评】该手绘综合地运用了钢笔、马克笔、彩铅等工具，一点透视下的广角横向构图更加体现出空间的通透感，鲜明的走廊起到了分割两个空间的作用，这在进入三维软件前是必不可少的构思阶段，并把构思以草图的形式表现出来，整个过程方便、快捷。

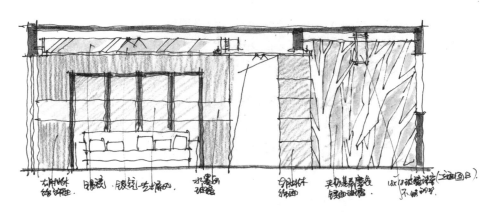

图 3-27　居住空间中客厅和餐厅的手绘立面图表现

【点评】该手绘也综合地运用了钢笔、马克笔、彩铅等工具，其中立面和平面的结合就是对三维效果的最终决定阶段。同时可以用文字在侧面标出出材质、尺寸等辅助信息，图文结合，使表达过程更为简单直接。

概念设计图纸不应复杂，而应注重整体空间体验，完成大致功能布局、交通流线、视觉导向标识等主要节点，细节部分在之后深化的步骤中完成。初步概念设计时应先持发散性思维，给出一个相同空间的不同可能性，尽量勾勒出两到三种方案。接下来，在初步绘制的草图中相互比较以下 4 点。

（1）每个方案的功能布局有何优缺点？（可从采光角度、自然光照射时长、通风情况、噪声屏蔽等 4 个方面作为评判标准，根据各自情况进行打分）

（2）哪个方案的交通流线更加便捷？（可从流线上的视觉遮挡物有哪些，哪种更加节省时间，哪种更加高效工作等 3 个方面进行考量，给出相应分数）

（3）空间的综合体验如何？（因为此时为概念方案，要想把整体的方案设想部分表现在图纸上，还需要设计师从以下两点出发：色彩基调应当怎样调配？空间需要营造怎样的氛围？如温暖、舒适、欢快、高效、安静、冥想所需要的空间色彩和造型搭配都是截然不同的）

（4）该方案如何高效实现？工程造价是否处于可接受范围？（方案的落地效果、概念的完成度也是设计者不可忽视的限制性因素）

总体来说还是应当先从功能上比较几个方案的优劣和高低。从现代主义的发端就开始把"功能决定形式"作为出发点。同时，具备一定的评判机制和标准对工作效率有很大的好处，设计的过程也应当是设计中的一部分内容，值得每一个设计师在其职业生涯进行思考和调整。

3.2.3 确立方案阶段

确立方案阶段是指要从两到三个备选方案中挑选出最优方案，这个步骤是不可或缺的。确立方案是设计的基本阶段，这个阶段的设计是对空间提出具体的造型方案，是对原来规划阶段的深入。这个阶段除了依据规划阶段的成果继续深化设计，也必须对规划阶段的意见提出解决方案，如如何让空间更加符合业主需求、更加配合空间的定位，甚至如何更加强化空间的意蕴都需要设计师进行深入设计。

对于空间来说，设计师往往会通过各种各样的设计手法，在空间中创造出更多的亮点。不管是空间形式、布局，还是色彩、材质、造型等，或多或少都需要巧思，这样才可以促使委托者或使用者收获感动与慰藉，这些都需要设计师有脱俗的品位和对每个细节深思熟虑的考究（图 3-28）。

空间意象形成或主题的表达几乎可作为个案成功与否的决定因素。对于个案是否吸引业主的眼球，取决于其规划内容是否贴心完善。在确定方案阶段，需要将规划阶段所提出的设计风格和主题构想切实地落实到各个空间实际设计表现上。

接下来从各个空间分割的角度分别描述其使用要求。

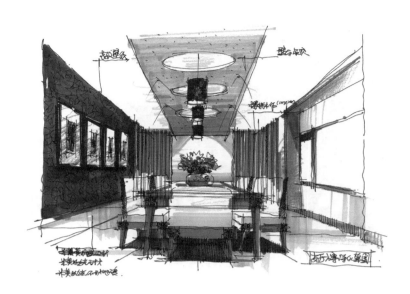

图 3-28　餐厅手绘草图表现

【点评】该手绘利用了一点透视的布局，将空间中的色彩和谐地布置在顶立面，并通过文字标注。放松的线条体现出设计师的扎实基本功，这样的草图表现对接下来的空间深化构思和深入设计推敲无疑都是很有好处的。

玄关，是从室外进入室内的一个过渡性空间，因其使用频率较高，常被看成一户人家的"脸面"。这就要求玄关既要有较高的美观性，又要方便放置鞋、帽、雨伞等杂物。在玄关处设计带有壁柜的隔断，用以阻挡入户的视线，不至于使整个家被一览无余。另外，客厅与玄关间的隔断多采用木质外框加磨砂玻璃的做法，保证空间的采光性能和视线穿透力。

起居室，起居室的隔断设计，不仅可以有效地限定视听、会客、休息、交流的特定区域，还能起到分隔起居室与餐厅两个功能空间的作用。常用于客厅的隔断有很多，如在相邻空间之间设置隔扇、屏风、碧沙橱、帐幔、罩、博古架或其他陈设来分隔，形成空间若断若续、若分若合、若开若闭的层次和丰富的变化，使相邻空间之间相互沟通，又彼此隔离，既保证每一个功能区域的相对独立性，又可以在一定程度上使空间隔而不断，在一定程度上形成空间之间的"对话"。另外，用沙发、陈列架、高低柜等家具进行围合视听空间也是常采用的设计方式，以此划分就餐和起居两大功能区域，节省了不少精力，起到了与有形隔断相似的方式。因此空间也能以完全开放的格局被划分和使用，整体看起来显得更为宽敞和通透。空间的功能性表现为可根据居住者具体的使用要求随时改变相邻空间的联系，既可以组合成起居室加餐厅来使用，又可以变成娱乐区与工作区的组合，空间的具体功能完全视居住者需求而定，而空间就像一个魔术盒子，总能满足变化的需要。利用组合式沙发对空间进行分隔时，应注意解决好空间的通畅问题（图 3-29 ）。

图 3-29　起居室手绘草图表现

【点评】该案例的起居室为新中式风格，典型中式的椅子造型，蔚蓝色白花布艺的软装抱枕。典型的中国红色在空间中起到活跃的作用，通过前景、中景、远景的三个层次体现了空间的丰富感，使整体空间大气、典雅、有内涵。

餐厅，随着人们生活方式的变化，敞开式的厨房设计日益受到年轻人的追捧。开敞式的厨房与餐厅之间大多采用玻璃进行隔断，这样在使用上既保证厨房与餐厅两个不同区域的相对独立性，彻底杜绝了厨房的油烟，又不影响视线及空间感的延伸，还具有较强的装饰性，能反射一些灯光，折射一些倒影，给人一种极强的通透感和视觉效果。有时为了归置餐厅一些零零碎碎的物品与装饰品，还可以在餐厅玻璃隔断处设计成一个简单的装饰柜，上面放上精致的小摆设，将餐厅与厨房之间单调的隔断变得生动而雅致。

书房，在中小户型有限的使用面积内，书房往往与其他功能空间相融，或在客厅，或在卧室，隔断形式也常采用帷帘、到顶的书架、绿化植物等。如果希望空间有完全的封闭性和私密性，不受外界的打扰，可以选择不透明的落地壁柜作为隔断，如此不仅可以隔出完全封闭的空间，还可以实现一定的收纳功能。

卧室，利用拼接式、直滑式、折叠式、升降式等活动隔断、帘幕、家具和陈设等来分隔卧室与其他区域，可根据使用要求随时启闭或移动，空间也随之或分或合、或大或小，使空间更加灵活多变。另外，卧室里的衣帽间不管是步入式还是入墙式，都需要滑动门的参与；而与阳台的分隔，又不能阻挡阳光的射入，所以玻璃隔断颇受喜爱（图 3-30）。

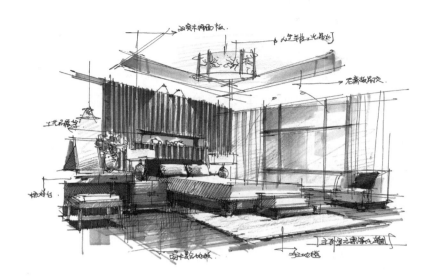

图 3-30　卧室手绘草图表现

【点评】该案例的起居室为新中式风格。设计师利用钢笔、马克笔、彩铅等画具，使卧室冷暖对比鲜明，可以看出对墙面光线下的木格栅的刻画十分生动，同时对抱枕、灯具等配饰采用了湖蓝色调，使空间中的深木色不再单调，衬托出空间的典雅和自然的新中式风格。

卫浴间，卫浴间的基本功能是沐浴、厕所、洗漱、梳妆等，所以其设计需围绕这些基本功能展开，然后根据不同情况表现出个人风格。如今开放性卫浴间越来越受到追求时尚的 80 后喜爱。卫生间里采用珠帘作隔断既能保证卫生间的开放性和明亮感，还能起到节省空间的作用，而且加上靓丽飘逸的珠帘更能营造温馨浪漫的氛围，因此卫生间珠帘的运用越来越受欢迎。同时，设计师还可利用隔断实现干湿分离的分区功能，这样可以使室内空间布局合理，使用方便，而且还可以使环境更加的洁净。隔断分为两类：①固定隔断，固定式的隔断多以墙体的形式出现，也称为"死隔断"。既有常见的承重墙、到顶的轻质隔墙，也有通透的玻璃质隔墙、不到顶的隔板等。固定隔断做成后便不易再变动。②半固定隔断，半固定隔断多指位置固定，但方向或面积可加以变化的形式。如帷幔隔断，其制作工艺简便、材质轻柔、色彩丰富，能增加空间的亲切感，且具有较强的灵活性。但选帷帘布时须注意其质地、颜色、图案应和室内总体布局相协调。此外，半固定隔断还包括推拉门、翻转式隔屏等，此隔断类型可分可合，可以自由调整空间大小（图 3-31）。

方案确定后，设计师需要提供给户主以下 3 项内容。

（1）定格化的图纸（包含平面布局图、立面图、透视效果图、灯光照明布局图等），其中效果图对非设计专业出身的业主影响力是最大的。

依赖于现代主义设计思想的影响，设计师们通常先抛开"装饰"环节，然后通过对平面的研究确定空间的立意与最终效果；同时，透视效果图和电脑 3D 建模技术与渲染技术是紧密相连的，较为常规的可视化 3D 建模软件（如 3Dmax 和犀牛等），与之形成对比的也有通过编程手法进行参数化设计的插件（如蟋蟀）。当前的渲染技术已经几乎可以做到接近真实效果，技术的提高是对设计师极为有利的因素，因为越加真实性的图纸给人的感受越加"真实"，犹如身临其境，业主对其接受度也较高，这是对设计师专业技术上的一种极大认可，当然在此基础之上还需要职业设计师的综合素质和艺术造诣。同时，业主以具体的效果图表达修改意见，也是非常直观的，所以行业内有"设计师看平面图，甲方看效果图"的说法。综上所述，确立方案首先要通过优秀的图面化表达——图纸，来说明设计师的艺术思维和设计意图（图 3-32）。

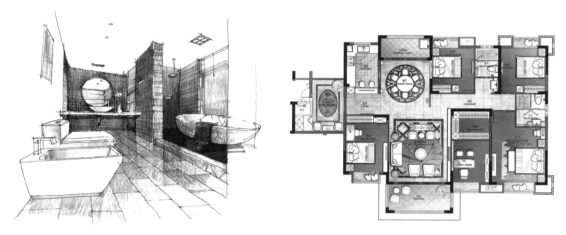

图 3-31　卫生间手绘草图表现　　　　　　　　　图 3-32　彩色平面图纸表现

【点评】该案例（图 3-31）卫生间的手绘草图主要采用彩铅进行上色，可以清晰地看出卫生间设计中主要采取了石材进行饰面，整体简洁、有格调。同时，圆形的挂镜与成线性的空间产生很好的对比——一圆一方。同时镜中的反射有延伸空间透视效果的作用，整体空间显得更为通透。

【点评】图 3-32 的图纸是设计师表达中尤为重要的表现，该平面图是一个具有代表性的案例。其中家具部分使用了白色线稿，没有上色，整体显得更为整洁，不会乱。同时对地面材质选择了较为真实的材质贴图，使人们对方案的阅读和理解更为清晰。色调温暖统一，布局合理，流线清晰明了，是一个方案和表达俱佳的优秀案例。

（2）定性化的文字。一个优秀的文案是对现有方案的"锦上添花"，文字可以作为补充来表达图面中无法表述的部分，因此图面常与文字配合形成完整的设计成果汇报。

定性化的文字描述，并将空间各处的设计进行具体地描述，这对业主理解设计师的设计思想有极大的好处，所以语言描述也必须切题、精准。对空间描述的文字要"一针见血""直击要害"，并以此作为沟通桥梁，把握业主需求，达到甚至超越"心理期待值"是确立方案阶段的最好结果。所以再次声明"沟通"是设计阶段中非常重要的工作环节之一，优秀的沟通可以省去很多不必要的误解和麻烦，这里需要设计师通过工作累积足够的经验，与业主之间建立默契的桥梁，以便让抽象的文字叙述与设计的真实性结果达到一致性的认知。设计师对设计任务的"信心"来自于业主的信任，同时文字作为沟通的桥梁在于与业主进行书面文字确认工作是十分必要的，所以业主通常会选择"理解"他想法的本土设计师而不是选择那些更加优秀但沟通较为不便的外籍设计师。

（3）定量化的数字。这是许多艺术出身的设计师容易忽略的环节，然而作为职业的设计师对数据的研究是必不可少的。居住空间设计无疑是艺术和工程技术相结合的领域。

首先，在设计准备前期对场地的测量将展开与数字打交道的序幕，对建筑场地的模数化推敲是生成方案的必要阶段，与此同时，优秀的空间体验伴随的是对人体工程学的不断试验推销和研究。例如若居住空间中男主人和女主人的身高差距较大，男女双方对于特定空间的利用率是多少？对一些常用的储蓄空间的设计应该怎样？这都是留给设计师的挑战和难题，所以，真正做到所谓的"因人而异"和"因地制宜"这两点是很不容易的，需要设计师在数字上有比较敏锐的"嗅觉"并有对不同尺度的经验积累。同时在签订合约时对工程款的计算越精确越有利，这样会避免误差导致的不必要的纠纷矛盾。

3.2.4 施工阶段

施工开始前后，会有许多事务需要办理。所以，设计师必须先拟定好施工计划，理清先期有哪些事情必须处理，工程进行中如何对工程进行管理和控制，对质量进行查验，其后的清款工作，乃至于工程变更的准备及相应的工作。在整个过程中必须建立一套完整的机制，使施工工人在施工过程中有据可循，这也是需要设计师精心规划和管理，保证对方按时且保质保量落实设计方案的重要阶段。

工程进行前，设计师需按业主提供的设计图面及规范要求，制订具体的施工计划，并按业主所安排的工程进度，依工程顺序及工期长短制定自身所需的工程进度表，进而与施工单位协商所需人力计划，并将场内制作与场外制作的工种分离。对于外厂定制的物件，必须核对现场的尺寸或由其决定现场收边的方式，所以测量的时间点或供货时间必须计划清楚。对于人员、材料及施工机具的进场时间、工作场地的安排最好能有一个完善的计划，不能让工地没有计划地进行随意发展。

室内施工一般分为 20 步：①设计师量房、规划、设计；②主体结构的改造、加建；③电路、水路等隐蔽工程的施工；④木工工作；⑤瓷砖的铺贴工作；⑥墙面或其他；⑦厨房、卫生间的吊顶工程；⑧橱柜、壁柜的安装；⑨装门；⑩地板铺设工作；⑪壁纸的铺贴；⑫安装暖气；⑬插座、开关的安装；⑭灯具的安装；⑮卫生间洁具、五金件的安装；⑯窗帘的安装；⑰开荒保洁 、清理房间；⑱家具购买进场；⑲安装家用电器；⑳家居软装配饰的摆放（装饰品）。

　　鉴于未来地产行业推出的精装修入户，家居配饰日后将成为各大家居品牌争夺的热点。家具配饰也可以称作软装配饰，比如作为陈设用的花盆、挂画、地毯、窗帘等，软装配饰的使用严格来说应该归结在最初的设计环节之中，当然有一些十分有特点或者对主人有着特殊意义的小物件，有可能会起到特殊的效果。绿植也算在配饰的范畴之内，多为我们的家增添一些绿意、增加一些生命力终归是没有错的，还能起到一些吸附装修污染的效果。

复习与思考

　　1. 谈一谈你对居住空间设计立意与主题、整体与细部、协调与统一的理解。

　　2. 试着复述一下居住空间设计的具体流程。

课堂实训

　　1. 根据实际案例图片具体分析其设计主题与立意。

　　2. 针对优秀设计案例的细节设计、整体统一与协调等方面进行讨论。

　　3. 针对自己家进行模拟设计，按详细流程步骤推演出新的设计方案。

第4章

居住空间各区域
设计

学习要点及目标

● 了解居住空间不同区域的功能和特点；

● 掌握各区域的设计原则和方法；

● 结合人体工程学和环境心理学，领会不同区域在居住空间中的主要设计要点。

核心概念

不同区域 功能和特点 设计原则 设计方法

引导案例

本章节主要介绍居住空间内的几个主要空间的功能和特点以及相关的设计要点，帮助读者了解各个空间区域的特点，熟悉设计思路。其中主要包括 3 个区域：公共生活区、私人生活区和生活工作区。以下将对这 3 个区域进行逐一分析，从各个功能区的立面、顶面、地面以及色彩照明等方面阐述相关设计要点。图 4-1 所示是美国软装设计师艾米丽·亨德森（Emiy Henderson）的私人住宅，通过此案例，希望能帮助读者更加清楚地了解相关的设计原则和内容。

图 4-1　起居室

【案例点评】该案例中起居室的设计尽显自然质朴之风，从立面处理来看，壁炉处设计了一整块木头背景墙，设计者采用原生态且造型各异的木块堆积而成的墙面使人眼前一亮，仿佛进入了一处古屋之中。但一转眼，墙面则转换成了简洁的儿童简笔画，带给观者强烈的视觉反差，这或许就是设计者想要达到的效果。蓝色的地毯铺在实木地板上，与蓝白色的沙发巾交相呼应，共同构成了交流空间。值得注意的是，起居室中抬高的地面上有一处立面书架的设计，纵横交错的白色隔断中摆放五颜六色的书籍和陈设品，为空间增添了些许色彩，充满了温馨舒适的家庭氛围，起居室是住宅中的公共生活区，更是家人培养情感的场所，氛围的营造是设计中的重中之重。

4.1 公共生活区

居住空间中的公共生活区在空间中扮演着重要的角色，是所有家庭成员共有的生活区域，具有交流性和开放性的特点，其中包括玄关、起居室、餐厅和书房四大部分。公共生活区满足了居住者的公共活动需求。一方面，公共空间能够为家庭成员提供聚会娱乐的功能，还能体现出家庭的和谐美满；另一方面，公共空间是家庭成员与外界进行联系的纽带，为居住者提供了社交功能。以下将从公共生活区的玄关、起居室、餐厅和书房四方面着手，分析他们相应的功能和性质，以及在设计中需要注意的设计原则和要素（图 4-2 ~ 图 4-5）。

【点评】该案例是居住空间中使用率极高的公共区域，是居住者进出室内的必经通道。红色的镂空隔断为起居室增添隐隐约约的神秘之美，同时，红色镂空隔断与室内墙面的颜色相呼应。

图 4-2　入口玄关

图 4-3 起居室　　　　　　　　　　　　　　　　　图 4-4 餐厅

【点评】该案例（图 4-3）展现了起居室在居住空间中的设计，图中整体色调采用了稳重的黄棕色。浅咖色的大理石地板在水晶灯的照射下越发明亮，棕色的窗帘与地毯的颜色相协调，深棕色的电视背景墙使空间显得大气磅礴，唯独灰色的布艺沙发颜色较轻，但沙发上也有同色系的棕色抱枕，从而营造出整体统一的居住环境。

【点评】该案例（图 4-4）是北京西山样板间餐厅的设计，属于现代主义风格，流畅直线型吊顶给人一种简洁利落之感，天花处黑色的矩形图案与地面上黑色的餐桌上下呼应，米黄色的布艺沙发上带有黑色的镶边，与天花的黑色线性图案也相互统一，可见设计者构思之精巧。

图 4-5 书房

【点评】该案例中书房的设计简约中不失大气，天花处没有做过多造型，简单地利用筒灯照明，显得整个空间宽敞明亮，白色的墙面与深灰色的地板形成鲜明对比，镶嵌在墙体内的实木书架既能满足储物的需求，又极大地节约了空间。

4.1.1 玄关

玄关是中国传统的家居设置，因为这一概念源于中国。根据《辞海》中的解释，玄关是指佛教的入道之门，演变到后来，泛指厅堂的外门。古人在设置玄关时是非常讲究的，过去中式民宅推门而见的"影壁"或称"照壁"（图4-6），就是现代家居中玄关的前身。中国传统文化重视礼仪，讲究含蓄内敛，有一种"藏"的精神，所以在入门前设置了"影壁"这样一个过渡性的空间，对客人具有引导作用。而如今居住空间的设计中，玄关是不容小觑的装饰细节。在整体的空间环境中，玄关是给人的第一印象，它反映了主人的气质和品味。更重要的是，玄关作为房门入口的一个区域，能够增加住宅的私密性，避免客人一进门就对整个室内一览无遗（图4-7）。

图 4-6　影壁

图 4-7　玄关

【点评】该案例（图4-6）是中国传统建筑中的影壁，也称照壁，古称萧墙，是用来遮挡视线的墙壁，即使大门敞开着，外人也看不见宅内，这就是现如今住宅玄关的前身。

【点评】图4-7中水泥板和鹅卵石铺设而成的地板让人眼前一亮，使整个空间充满着休闲雅致之感，竖直型的玄关拉长了空间的视觉高度。

1. 玄关的功能

玄关作为家居环境中的重要部分，兼具着实用和审美两方面的特点。从实用性的角度来说，玄关可以方便居住者换衣、拖鞋、挂帽。所以在玄关处，应设置一些衣帽架、鞋柜和穿衣镜等（图4-8）。同时，玄关作为一种视觉屏障，起到阻挡外界视线，保护居住者隐私的作用。此外，很多人会忽视到玄关还可以起到保温的作用，在北方地区，冬天室内外温差大，玄关可以形成一道室温保护屏障，避免居住者在开门时寒风直接进入室内，起到了一定的缓冲作用。从审美性的角度来说，玄关作为入户区域，起到了装饰性的作用，因为玄关是人们进出必经区域，所以对客人而言，玄关是主人的"门面"，应营造出一种温馨好客、精致美观的视觉体验和舒适的心理体验（图4-9）。

图4-8　玄关处的家具图　　　　　　　　　　　图4-9　玄关

【点评】该案例（图4-8）的玄关处设有黑色的鞋柜，与白色的木质隔断形成鲜明的对比，鞋柜旁有一个不锈钢的凳子，满足居住者出入户时换鞋更衣的需求。

【点评】该案例（图4-9）是熙龙湾的样板房，玄关的设计奢华大气，天花以干脆利落的几何线型为主，拉伸了整个空间的视觉界面。在立面处理上是用简单的白色镂空图案构成一侧墙体，另一面则安置展示柜，提升了整体空间环境的格调。

根据住宅建筑空间的不同，玄关分为封闭式、半封闭式和虚拟开放式3种基本布局形式。封闭式和半封闭式的玄关一般适用于建筑面积大或者是别墅住宅中，其形式也多种多样，有圆形、L型、长方形和方形等。这类玄关的私密程度高，具有较高的独立性（图4-10）。至于虚拟开放式的玄关，适用于建筑面积较小的住宅中，由于其面积有限，所以真正意义上而言，这类玄关不作为一个独立的空间形态存在，一般是设计者根据主人需求后天增加的一个小面积的空间，通常是利用隔断将入口处与起居室隔开，满足收纳和缓冲功能即可（图 4-11）。

图 4-10　封闭式玄关

【点评】该案例是一处独立的玄关区域，整个入口显得宽敞开阔，略显神秘又独具个性。做工精致的装饰柜和造型丰富的花瓶为空荡的玄关增加了一丝点缀，整个区域虽然陈设物不多，却精致细腻，体现主人独有的品位。

图 4-11　虚拟开放式玄关

【点评】该案例的玄关设计利用陶瓷锦砖贴片和白色镂空雕花形成隔断，巧妙地将入口和起居室分隔开，使空间显得开阔又具有通透感。

2. 玄关的设计

关于玄关的设计要点，将从视觉界面、家具和照明三方面进行说明。第一，玄关作为整个居室的"开端"，其视觉界面的设计既要有新颖性，也要与室内整体的风格相统一。在地面设计上，可以与客厅的铺装区分开来，采用相同风格不同花纹的地板，由于玄关处使用率极高，所以地面铺装还要遵循易保洁、耐用和美观三大原则（图4-12）。在天花界面的设计上，由于玄关处的空间较小，所以显得局促压抑，因而设计者要通过局部吊顶来改变空间的比例和尺度，通常采用流畅的曲线造型或者是层次分明的几何造型，但是要记住，玄关处的吊顶不能独树一帜，应与起居室的吊顶相呼应（图4-13）。在墙面设计上，由于玄关处墙面与观看者的距离过近，所以不应该设计得过于烦琐，让人产生视觉疲劳，选择个别墙面重点装饰即可（图4-14）。第二，存储是玄关的重要功能，因而玄关处家具的选择尤为重要。家具的选择应根据空间大小而定，大面积的玄关，可以设置落地式的家具和椅子，方便人们进出更换衣服和鞋子，小面积的玄关则可利用悬挂式的陈列架或者敞开式的挂衣柜，这种家具节省空间，避免影响居住者进出（图4-15）。第三，玄关处的灯光照明应该柔和，不能使用太过刺眼的强光，因为人们晚上从外面进门开灯，强光容易使人产生眩晕，因此柔和的灯光能够给人舒适感。在灯具的选择上，一方面，可以根据天花的造型，使用暗藏灯带和轨道灯，既有照明效果，又能突出别致的天花造型（图4-16）。另一方面，可以在进门的墙壁上安装精美细致的装饰画，使用重点照明，把主光源打在装饰画上，保证室内照明的同时，也能够突出装饰画的美感（图4-17）。

图4-12 玄关处的铺装

图 4-13　玄关处的天花　　　　　图 4-14　玄关处的立面

图 4-15　玄关处的家具　　　　　图 4-16　玄关处的照明

【点评】该案例（图 4-12）中玄关处的铺装是使用花纹瓷砖对地面进行装饰，黑色的花纹瓷砖耐用，表面布满曲线状的花纹，这种铺装形式既实用，又充满装饰性，使整个空间显得活泼跳跃。

【点评】该案例（图 4-13）是金港广场样板间玄关区域，天花设计采用的是方形图案的吊顶，简洁大方，拉长了整个玄关的视觉高度。同时地面配以方形图案的大理石铺装，方中带圆的图案，与天花相呼应的同时自身富有些许变化、求同存异。

【点评】该案例（图 4-14）是北京燕西华府 D 户型别墅样板间玄关的设计，是典型的欧式风格。造型丰富的天花配以别致独特的金色吊灯，使整个空间明亮大气。立面处采用金色镶边的油画，在灯光的照射下越发的光彩夺目，精致考究的矮柜上摆放着多种装饰品，使得整个空间显得典雅大气。

【点评】图 4-15 中玄关处的最大亮点莫过于镜子和洗浴盆的设置，方便主人出入时整理和清洁之用，同时又具有一定的装饰性，打破了传统的设计形式，人性化的设计独具匠心。

【点评】该案例（图 4-16）中玄关设计的照明采用曲线形的灯带，既与天花的造型相一致，又与地面抬高的造型相协调，使空间充满曲线美。

图 4-17　玄关处的照明

【点评】该案例（图 4-17）中玄关处的照明设计可谓一举两得，既满足了居住者出入户对亮度需求，同时灯光打在装饰画上，为空间增添了些许艺术效果，花束的使用也能体现主人的热情好客。

4.1.2 起居室

在国外，起居室是指在卧室旁边的一个类似于客厅的房间，而在我国，人们把客厅通常也称作起居室，这是因为我国的房屋面积普遍较小，很少能容下多个公共空间，一般都会把起居室和客厅合二为一。起居室是家庭活动的核心区域，也是整个室内住宅的交通枢纽，一般置于门厅、餐厅或厨房的公共交接处（图 4-18）。

1. 起居室的功能

起居室在居住空间中扮演了多样化的重要角色，主要为人们的日常起居生活提供以下 5 种功能。

（1）家庭聚会是起居室必不可少的基本功能。作为居住空间中的核心区域，起居室为家庭成员聚会提供了不可或缺的场所，同样也是居住者的公共活动中心。家庭成员可以在起居室中进行交流与互动，以增强彼此之间的感情，因而一个温馨舒适的起居室不仅仅是一个家庭的"门脸"，也为家庭和睦提供了必要的外部客观条件（图 4-19）。

图 4-18　起居室

图 4-19　起居室

【点评】起居室是家庭的聚会休闲的场所，其主要的休闲区是由沙发组合而成的。图 4-18 所示的蓝色弧形沙发和两把象牙色座椅围合成一个舒适的交谈休闲区，现代感极强的圆形茶几造型独特，可旋转摆放多种物品，深棕色的书架上镶嵌了一幅蓝色装饰画，与沙发的颜色一致，不显得过于突兀。

【点评】该案例（图 4-19）6 的起居室中以中式家具为主，柔和的灯光照明，素色的布艺窗帘和地毯的结合营造出温馨舒适和谐的空间环境，家庭成员可以围坐在一起聊天喝茶，增进彼此的感情。

（2）起居室承担着会客的重要职责。由于起居室兼具着客厅的功能，所以它是连接家庭与外界进行人际交往的纽带，为居住者与亲朋好友进行交流提供了舒适便捷的环境。基于起居室的开放性特征，在设计中应该凸显主人的个人品位与特色，达到微妙的对外展示效果（图4-20）。

图 4-20　起居室

【点评】图4-20所示的是由精美的布艺沙发围合成一个"U"型的会客区，整面墙的落地窗户使屋子显得宽敞明亮，细致精巧的装饰画与沙发的花纹相协调，天花上的吊顶与水晶吊灯相互结合，营造出沉稳大气又不失典雅的空间效果，充分体现了主人的审美品位和生活格调。

（3）视听功能是起居室的一大特色功能。由于现如今人们的生活质量不断提高，更多的人重视精神享受，看电视和听音乐能够缓解人们上班的疲惫，成为居住者的首要选择，高质量的视听环境和视听设备是衡量起居室设计成功与否的重要因素，因而设计师应注意合理的摆放视听设备，同时也要注意视听设备不要与居住者的行为活动产生冲突（图4-21）。

图 4-21　起居室

【点评】起居室的视听功能是独一无二的，图 4-21 所示的起居室在白色的电视背景墙中设有一台液晶电视，十分醒目，棕色的沙发和实木家具提高了整个空间的品质，配以棕色的复古地砖、蓝色的窗帘和淡绿的沙发，营造出自然舒适的氛围，给人们带来身心上的愉悦和放松。

（4）起居室提供了娱乐休闲的功能。其中娱乐活动主要有电子游戏、卡拉 OK、棋牌室等。而休闲活动主要是对音乐器材的演奏，若起居室的空间较大，可以存放大型的音乐器材，如钢琴等，这需要根据实际情况进行设置，要控制好起居室中各个功能区之间的位置和面积大小（图 4-22）。

图 4-22　起居室

【点评】该案例中的起居室属于会客区和休闲娱乐区分开的类型，弧线型的大沙发和扇形组合的镜面茶几构成了会客区，而靠近落地窗边的位置则放置电视音响等，一块地毯取代了座椅的功能，家庭成员可以坐在地毯上进行多种娱乐活动。

（5）起居室可以兼具着阅读和上网的功能。在一些小型的住宅中，由于建筑面积的限制没有条件配置书房，为了满足主人阅读的需求，可以做一面以书柜为主的背景墙，既能满足收纳需求，又可以为主人提供阅读的空间和氛围。阅读和上网对座椅和照明都有一定要求，因此在这种书房和起居室合二为一的空间中，应尽可能地利用起居室的角落，设计出一个紧凑舒适的阅读上网区（图 4-23）。

起居室承担了多种功能，所以设计者应了解起居室设计的几种基本布局形式。一般而言，起居室的进深和宽度是功能分区中最大的，因而起居室拥有良好的采光效果。现代起居室的空间布局一般分 3 种形式：第一种是半分离式布局，入口通道把起居室和餐厅划分为两个半分离式的空间区域，在视觉上会有延伸感（图 4-24）；第二种是综合式布局，起居室和餐厅紧紧挨在一起，处于同一空间中，具有较高的紧凑性（图4-25）；第三种是分离式布局，起居室和餐厅处于两个相对独立的空间中，分别执行了会客和用餐两种功能，也给人一种较高的私密性，但这种布局方式适用于面积较大的住宅（图4-26）。

图 4-23　设有阅读区的起居室

【点评】图 4-23 所示的起居室很好地展现了起居室和书房合二为一，在起居室的一角，利用书架、书桌和座椅组成了小型的阅读区，靠近窗户利用自然采光，使起居室兼具了书房的功能，设计甚为巧妙。

【点评】用不同造型的吊顶把起居室和餐厅划分开，使两个功能区看似在一起，其实又不在同一区域内。精美的吊灯与别致的黑色沙发交相呼应，大红色的装饰画打破了空间色彩的单调感，使空间别有一番韵味。

图 4-24　半分离式布局的起居室

图 4-25　综合式布局的起居室　　　　　　　　　　图 4-26　分离式布局的起居室

【点评】图 4-25 中起居室和餐厅紧挨在一起，沙发的后面就是餐桌餐椅，二者共有同一天花界面，但由于功能不同又可划分为两个区域。空间整体色调以米白色为主，用红色的储物柜和装饰画加以点缀，使整个空间看起来素雅温馨又时尚大气。

【点评】分离式布局的起居室适用于复式住宅，因为复式住宅拥有较大的面积，各功能区可独立化。图 4-26 中的沙发背景墙是一大亮点，简单的装饰画配以重点照明的灯光，使空间显得极具现代感，白色的沙发配以黑白色格子的抱枕和茶几，使整体空间显得简约大气。

2. 起居室的设计

为了满足家庭成员之间的不同需求，起居室在设计时应采用多种功能分区的方式，设置有关视听、交谈、娱乐、休闲和阅读等多种功能区。但由于起居室的建筑面积有限，对于各个功能分区的划定无法做到均衡协调，因此可以采用将功能相近的区域整合在一起的方法，既能够满足人们的需求，又能够节省出更多的空间。同样的，对于功能相冲突的空间，比如静态活动区和动态活动区，则应尽可能地分开设置在不同区域内或者错开使用的时间。在功能分区确定的基础上，居住空间设计则可继续从细节部分着手，如从视觉界面、家具、陈设三方面进行设计（图 4-27）。

（1）从起居室的视觉界面入手，在天花处理上应根据不同的室内风格进行设计，现代主义力求简约的天花造型，欧式风格善于细致烦琐的天花界面，中式风格追求稳重大气的天花造型等。所以天花界面的造型一方面要根据不同的挑高而定，另一方面，整体风格协调统一是设计师需要注重的关键之处（图 4-28）。在立面装饰上，电视背景墙是起居室设计中的重中之重，背景墙往往处于视觉中心点的位置，它的造型样式对室内的整体风格起决定作用，因此设计师应重视对背景墙的塑造。同时，也应强调起居室的结构层次要分明，不能够面面俱到，如果每个界面都进行装饰往往适得其反，造成人们视觉疲劳，所以部分墙面利用简单的几幅装饰画进行美化即可，同样可以达到富有情趣的审美体验（图4-29）。在地面铺装上，起居室一般多采用天然石材、人造石材、地砖以及木地板等铺装材料，设计者在材料的选择上，也要根据室内的整体风格进行筛选，依据天花的造型和立面的纹饰等进行调整，以营造风格鲜明、个性独特的起居室环境（图4-30）。

图4-27　起居室　　　　　　　　　　　　　图4-28　新中式风格的起居室

【点评】图4-27中该起居室的设计重点在于立面和家居陈设的设计上，简洁朴素的地板和天花使空间看起来宽敞利落，利用菱形镜面打造的装饰墙给空间带来一种特别的韵味，配以白色的沙发使空间更加明亮，造型丰富的茶几和柜子又使空间充满了活力。

【点评】图4-28所示的起居室属于新中式风格，在天花吊顶的设计上，简洁大方，没有做过多的造型，含有中国元素的灯具凸显中式特色，背景墙也着重使用了中式造型，凸显出空间的古典气质。

图4-29　立面造型丰富的起居室　　　　　　图4-30　起居室中的铺装效果

【点评】图 4-29 所示的起居室的立面造型使用了经典的黑白色搭配，黑色镜面和白色木饰条纹从立面一直延伸到天花处，拉高了视觉的空间感，同时使起居室显得更加宽敞明亮，黑灰色的沙发与象牙色的地面形成鲜明的对比。

【点评】该案例（图 4-30）是远中风华 7 号楼样板间起居室的设计，其铺装与整体环境十分协调，家具以现代风格为主，而背景墙也使用了茶色镜面，地面与天花运用了独具特色的花纹装饰，个性化的设计使得该空间更富有时尚感。设计师对地面的花纹又做了简化处理，使界面处理统一又有变化，耐人寻味。

（2）家具是起居室设计中的重要载体，设计师利用沙发、茶几、座椅和电视柜的摆放方式，可以打造出 3 种不同的空间布局（起居室家具常用尺寸见表一）。①"U"型的布局形式。这种形式多适用于面积较大的住宅或者别墅之中，通过沙发和座椅之间的组合，使空间呈现"U"型的布局，这种形式能够保证起居室的完整性和独立性，为居住者营造较为私密的交谈区域（图 4-31）。②"L"型的布局形式。这种形式多用在中小型的室内空间中，一般由一个双人沙发或者三人沙发再加上一个单人座椅或沙发组成，给人的视觉感受是一个立体的"L"字样（图 4-32）。③"一"字型的布局形式。这种形式适用于小型空间中，由于面积的约束，不宜摆放过多的家具，一个双人、三人或单人的沙发靠墙摆放，正对着电视背景墙，这样能给居住者留用较大的活动空间（图 4-33）。

表一 起居室家具常用尺寸

名称	规格	长 L（mm）	宽 B（mm）	高 H（mm）
沙发	单人式	800～950	850～900	坐垫高 350～420，背高 700～900
	双人式	1260～1500	800～900	坐垫高 350～420，背高 700～900
	三人式	1750～1960	800～900	坐垫高 350～420，背高 700～900
	四人式	2320～2520	800～900	坐垫高 350～420，背高 700～900
茶几	小型长方形	600～750	450～600	380-500（380 最佳）
	中型长方形	1200～1300	380～500	600～750
	大型长方形	1500～1800	600～800	330～420
	圆形	直径 750、900、1050、1200		330～420
	正方形	900、1050、1200、1350、1500		330～420
电视柜		据现场尺寸	450～600	600～700

　　（3）陈设品是起居室中的点睛之笔，不同风格的艺术品陈设往往可以为空间增添意想不到的装饰效果。当然不同的室内环境需要相应的艺术品来衬托，例如，中式风格中大多采用中国书法、字画、盆景和陶瓷等具有民族风格的艺术品（图4-34），而在欧式风格中，则会采用欧式精美雕塑、灯具以及富有装饰性的油画来打造奢华绚丽的欧式风格空间（图4-35）。除此之外，绿植、花卉作为居住空间中不可或缺的元素，为起居室带来自然清新的花草之香，造型独特的花盆或花瓶，也是一种具有独特美感的陈设品，将绿植、花卉置于起居室之中，既能够起到净化空气的效果，又给予居住者一种别具一格的审美体验（图4-36）。

图4-31　　"U"型布局的沙发　　　　　　　　　　图4-32　　"L"型布局的沙发

　　【点评】图4-31所示的沙发布局是以茶几为中心，茶几的三面都设有沙发，围合成一个"U"型的交谈区。沙发背景墙上的四幅装饰画成为一大亮点，黑色画框中的白色背景上浮现若干个绿叶，大面积的留白处理提升了装饰画的整体韵味，令观者产生无限遐想。

　　【点评】图4-32所示的是典型的"L"型布局的沙发，米黄色的沙发和地面铺装的颜色一致，给人一种清新素雅的感觉，棕色条纹地毯既美观大方又中和了空间的色彩，造型丰富的黑色吊灯新奇有趣，赋予空间独特的趣味。

图4-33　　"一"字型布局的沙发　　　　　　　　图4-34　　起居室中的装饰画

　　【点评】图 4-33 所示的住宅面积略小，所以不宜摆放过多的家具，起居室和卧室用木质格栅区分开，既有储物的效果，又能节省空间。沙发和茶几简单地组合，也满足了居住者基本的使用需求。白色的复古砖与孔雀绿的墙面形成了鲜明的对比，和谐中又带有自身的特色。

　　【点评】中国书画在中式风格的起居室中很常见，它能提高空间的品质和韵味。图 4-34 所示的起居室的设计属于新中式风格，米色沙发上的背景墙采用了大幅中国花鸟图，提升了空间的整体格调，欧式的吊灯照耀在具有中国特色的桌椅上，混搭中又不显突兀，丰富了空间的装饰效果，彰显出主人高雅品位及文化内涵。

图 4-35　起居室中的装饰画　　　　　　　　　　图 4-36　起居室中的绿植

　　【点评】图 4-35 所示的是具有古典主义韵味的起居室，精巧细致的茶几、座椅，造型丰富的地毯，古朴大方的木色背景墙，一切看起来都那么美轮美奂，更加吸引人的是挂在鹅黄色条纹壁纸上的两幅装饰画，白色的花朵给空间注入一丝清新淡雅的美。

　　【点评】该案例（图 4-36）中起居室的设计简单纯粹，没有繁缛的装饰细节，素色天花、淡绿色的墙面和木色的地面，配以浅棕色的沙发，打造了温馨舒适的小窝，白色电视柜上摆放许多可爱的盆栽，一旁也有大的盆栽，使家中绿意盎然，照片墙上的绿植为立面空间增添了一抹绿色和活力。

4.1.3 餐厅

　　相对于起居室而言，餐厅的功能较为单一。餐厅顾名思义是居住空间中供居住者就餐的区域，位置一般会与厨房相邻，位于起居室与厨房之间。餐厅的空间面积不大，但它也是居住空间中必不可少的功能空间。随着时代的变化，餐厅的功能呈现出多样化的发展趋势，具有就餐功能的同时，兼具着收纳、家务劳动等功能。

　　1. 餐厅的功能

　　（1）日常就餐、款待宾客是餐厅最基本的功能。餐厅设计的成功与否取决于餐厅能否为居住者提供良好舒适的就餐环境。中国向来注重礼仪文化，接待宾客，设宴款待是中国人十分注重的礼仪，所以餐厅不仅仅满足了居住者的用餐功能，同时也为主人提供了轻松愉快的社交环境（图4-37）。

（2）为了用餐方便，餐厅通常与厨房相邻。厨房的面积较小，但在家务劳动中作业量较大，在进行家务劳动中，餐厅是一个很好的助手，可以帮助厨房分摊作业使用空间，同时也为劳动者提供了短暂休息的地方（图4-38）。

图 4-37　餐厅

图 4-38　餐厅

【点评】图4-37所示的餐厅的设计甚为巧妙，餐桌周围没有完全使用桌椅，而是采用一半座椅一半沙发的形式围合成就餐区域，木色板材制作的餐桌和沙发流露出古朴的质感，造型简单的吊灯和桌面上精致的玻璃陈设品打造出简洁舒适的用餐环境。

【点评】该案例（图4-38）中餐厅的设计以蓝白色调为主，给人一种扑面而来的海洋气息，造型丰富的仿古砖上刻有精致的淡蓝色花朵，使整个空间雅致温馨，又充满惊喜与趣味。

（3）餐厅虽然面积有限，但是它是家庭重要的收纳场所。一方面它可以分担厨房的储藏压力，在餐厅中设置一些角柜或者矮柜，用于收纳餐具和食品饮料等；另一方面，在餐厅中可设置一些展示柜或者酒柜等，用于储藏精美的餐具或红酒，无形中为住宅增添了一处亮眼的风景线，体现了居住者的风格和品位（图4-39）。

餐厅的布局形式也是设计中的重要环节，一般餐厅布局形式是根据不同的住宅建筑类型划分的，通常划分为连通式餐厅、独立式餐厅和共用式餐厅三大类。

连通式餐厅是指餐厅厨房相邻，餐厅与起居室相连，这种结合方式能够充分地利用有限的空间资源，便于烹洗和上菜，是大部分中型住宅的不二选择，便捷实用是这种布局方式最大的特点，但是要注意的是，与起居室相连的餐厅应保持整洁干净，避免杂乱无章而影响到整个起居室的环境。处理这种布局方式时，可安置一些隔断、吊柜、展示柜或者酒柜等既能提供储物功能，又能保证餐厅和起居室可以相对地分离，减少餐厅对起居室的影响（图 4-40）。

图 4-39　餐厅中的陈列柜

图 4-40　连通式餐厅

【点评】该案例（图 4-39）中的餐厅以白灰色调为主，白色的陈列柜放置于整面墙上，使空间显得更加轻盈，满足了存储、收纳餐具和酒瓶的需要，空间中配上灰色的餐桌和皮质座椅，平衡了空间中的色彩，座椅上有内容丰富的暗色图案，使空间赋有趣味性。

【点评】图 4-40 所示的餐厅与起居室相连，典雅简约的就餐环境与起居室的设计风格一致，红色木质餐桌配上简单小巧的座椅，再配上几何线型的灯具，打破了空间造型的单调性，丰富了餐厅的视觉效果。

独立式餐厅是比较理想的餐厅布局类型，一般适用于大型住宅或别墅住宅中。独立式餐厅的用餐空间封闭独立，既能够保护用餐者的隐私，又能够避免用餐时的动静会干扰到其他功能空间。设计者在餐厅布局时应将餐桌放在餐厅的中心位置，还应设置一些靠墙摆放的餐桌柜，用于存储餐具并保证用餐时拿取方便（图 4-41）。

图 4-41　独立式餐厅

【点评】独立式餐厅适用于大型住宅空间中，具有很好的封闭性，图4-41使用大气奢华的长方形黑色大理石桌，两边用蓝色座椅围合成方形的就餐空间，硕大的椭圆形水晶吊灯赋予空间暖色灯光，使整个餐厅看上去奢华又温馨。

共用式餐厅一般指餐厅设在厨房中，厨房兼餐厅使用。这类布局方式适用于小户型的住宅，既提供了用餐烹饪的功能，又节约了空间，最大化地使用可用空间，可谓一举两得。但这种布局方式对用餐环境有所影响，烹饪产生的噪音和油烟会给用餐者带来不舒适的感觉，因而厨房内应选择质量较好的排油烟机和通风设施，把对人们用餐时的影响降到最小（图4-42）。

2. 餐厅的设计

餐厅的设计重点在于如何营造出一种温馨舒适的就餐环境。不同的餐厅布局应当采取不一样的设计手法，设计重点也应有所不同。例如，连通式餐厅侧重于对家具的选择以及对立面隔断的使用；独立式餐厅的设计自主性较大，不受其他功能区的干扰，对于天花和地面等视觉界面的要求较高，所选风格应与整体的居住空间设计风格相融合。以下将从视觉界面、照明色彩以及家具3个方面说明餐厅的设计手法和原则（图4-43）。

图 4-42　共用式餐厅

图 4-43　餐厅设计

【点评】该案例（图 4-42）为一处共用式餐厅，开放式的厨房和餐厅连在一起，使整个空间看起来宽敞明亮，深色的木质餐桌、棕色的皮质餐椅，以及富有装饰性的粉色玫瑰花，再配上柔和的灯光点缀，营造出舒适雅致的就餐环境。

【点评】图 4-43 所示的餐厅的设计属于现代主义风格，矩形的餐桌周围摆列简洁大方的棕色皮质座椅，圆形的灯具下摆放了些许白色花朵，在灯光的照射下越发的夺目，突出了清新淡雅的就餐环境。

（1）视觉界面包括立面、天花和地面，在餐厅的设计中，这三者需要着重考虑，合理搭配。

由于餐厅特有的功能性，在地面铺装上，要注意使用防水和防油污特性较强的材料，例如大理石、釉面砖和复合木地板等。在注重实用的同时，要注意地面的花纹、图案与顶棚界面相呼应，保证整个就餐环境协调统一（图 4-44）。在天花处理上，要注重吊顶造型和灯光的组合运用，以此来创造一个层次分明的就餐空间。设计师可以利用对称或者几何图案的造型形式，将天花界面的几何中心集中在餐桌的正上方进行设计，这样会使餐厅赋有秩序性（图 4-45）。对于餐厅的立面而言，一般会综合考虑实用性和装饰性相结合的手法。餐厅的视觉中心是餐桌餐椅，所以墙面装饰上不必哗众取宠，简约而赋有情趣的装饰画、造型丰富而充满趣味性的隔断或储物柜都是很好的选择，另外也可运用现代的科技手段和设计手法来打造一个轻松活泼、舒适美观的用餐环境（图 4-46）。

图 4-44　餐厅的铺装设计

【点评】该案例中餐厅的铺装使用了仿古砖，它既保留了陶的厚重与质朴，又有瓷的细腻润泽，用在餐厅中，有耐磨性高、脚感舒适的特点，而且仿古砖花色丰富，能够提供多种铺贴的样式。

图 4-45　餐厅的天花设计

图 4-46　餐厅的立面设计

【点评】该案例（图 4-45）中餐厅的天花以圆形图案为主，显得简约大气，同时采用圆形的餐桌置于圆形的吊顶之下，和谐统一；圆形天花配以灯带，加之水晶吊灯的设计，使整个用餐环境通透明亮。

【点评】该案例（图 4-46）中餐厅的地面和墙面多采用纯洁的白色，而立面墙壁上悬挂了一幅颜色丰富的装饰画，艳丽的色彩既能够激发用餐者的食欲，又打破了空间色彩的单调性。

（2）照明和色彩在餐厅中通常是相伴而生的，人们就餐时心理或多或少会受到色彩的影响，合理地运用餐厅的照明可以带来人们强烈的食欲并营造温馨的就餐氛围。例如，暖色系是餐厅普遍使用的色系，因为其能够刺激用餐者的食欲，提高用餐者的兴趣，所以多采用重点照明的方式，利用暖色调的吊灯悬挂在餐桌上方，会使食物看起来更加可口诱人（图 4-47）。另外，在固有的暖色调基础上，可以通过灯光的变化、蔬果花卉和餐具的色彩来调节整体用餐环境，营造丰富多彩、赏心悦目的餐厅氛围（图 4-48）。

图 4-47　餐厅的照明设计

图 4-48　餐厅中的色彩和陈设

【点评】该案例（图 4-47）中餐厅的餐桌造型是吧台式的大理石桌面，餐桌上方的三盏吊顶灯虽然造型简单，但是符合整体现代简约的风格特点，起到了很好的照明效果。同时，吊顶灯的颜色也采用了与整体色调相同的白色，和谐统一且相当美观。

【点评】图 4-48 中在长沙郡原美村 C 户型样板间餐厅的设计中，餐桌餐椅采用简洁大气的设计样式，而墙面则采用精致的淡蓝色印花墙纸，让人感到清新淡雅，地面是暗黄色的大理石地板，整个空间在红色水晶吊灯的照射下蒙上了一层金黄色的光芒。采用色彩丰富的花卉绿植，以及做工精致的灯具加以点缀，使空间更为丰富典雅，又奢华大气。

（3）餐桌和餐椅一般位于餐厅的正中，因而餐厅家具的选择不可忽视（餐厅家具常用尺寸见表二）。餐桌从形状上可分为长方形、方形、圆形、椭圆形。不同的住宅建筑应使用不同类型的餐桌，例如，小型住宅中，应当使用圆形或者是方形的餐桌，摆放起来自由灵活，大多还可使用折叠型的桌椅，不仅节约空间，使用起来还快捷方便（图 4-49）。面积较大的住宅中，餐厅可使用长方形的的餐桌，显得整个室内环境高雅大气，再配以相应风格的桌布、餐椅套以及餐垫这些装饰品，营造出一个充满层次、变化丰富的餐饮空间（图 4-50）。

图 4-49　餐厅中的家具

图 4-50　餐厅中的家具

【点评】该案例（图 4-49）的餐厅中使用了圆形的餐桌，因为圆形的餐桌能给人一种平易近人的感觉，弧形的线条既美观大方又利于节省空间。顶面采用了圆形的天花吊顶，地面铺设了圆形的地毯，使整个就餐空间看起来和谐统一，又有延伸感。

【点评】该案例图 4-50 的餐厅采用了长方形的黑色木质餐桌，米色的软座餐椅，色彩搭配有轻有重，配以红色的织物和白色的鲜花，打造出了既整洁干净又高端典雅的就餐空间。

表二　餐厅家具常用尺寸

名　称	长 L（mm）	宽 B（mm）	高 H（mm）
方餐桌		1200、900、750	750～780，西式高度为 680～720
长方桌	1500、1650、1800、2100、2400	800、900、1050、1200	750～780，西式高度为 680～720
圆桌		直径 900、1200、1350、1500、1800	
餐椅	420～450	420～450	450～500

4.1.4 书房

随着人们物质生活水平的提高，具有精神功能的书房越来越受人们的关注。一个品质高的书房，不仅能给居住者提供优质的学习和工作环境，还体现了主人的生活品位和思想境界。因而，书房在住宅空间中的地位日趋重要。书房的功能特性决定书房在空间中的位置应选在相对安静、干扰少的区域，同时书房需要选在采光充足的区域，设置在朝向好的房间，利用自然光工作学习，保护眼睛的同时又能满足居住者的活动需求（图 4-51）。

1. 书房的功能

书房又被称为家庭的工作室，是居住空间中的静态空间，它是供居住者阅读、书写、工作、学习、研究的功能区，这是书房提供的最直接的功能。同时，书房还具有贮藏书刊杂志，陈列艺术品的功能，这些物品最能够体现主人的兴趣爱好、品位以及专长，是居住者形象气质的象征。此外，现如今书房的功能更加多样化，不仅具有学习工作的功能，也兼具会客交谈的功能。当主人涉及工作上的机密问题时，书房可以提供安静私密的交谈空间（图 4-52）。

书房的基本布局一般由户型大小决定，可分为独立型书房和兼用型书房两大类。独立型书房适用于大面积的住宅空间，位置通常靠近起居室或者主卧室。靠近起居室的书房更多地承担了会客的角色，而靠近主卧室的书房则私密性更强，为主人提供舒适便捷的工作阅读环境（图 4-53）。兼用型书房适用于小型住宅中，由于室内面积有限，没有专门独立的房间，书房一般与其他功能区混合着使用，比如说在起居室中设有阅读工作区或根据主人的需求，在卧室或客房中设置书柜、书桌，供居住者使用（图 4-54）。

图 4-51　书房

图 4-52　现代化的书房

【点评】该案例（图 4-51）中书房的整体色调是以白色为主，白色的书桌座椅、白色的落地灯、精美的白色欧式吊灯以及储物台的镜面装饰处理，使空间设计显得简约而时尚。落地玻璃窗的设置，既能为主人提供充足的自然光，又能让主人在工作疲惫之时望向窗外，放松身心。

【点评】图 4-52 所示的书桌和书架是构成书房的两个重要元素，该书房采用了纯粹简练的玻璃书桌和造型简约的书架，营造了一种现代感十足的阅读工作环境。

图 4-53　独立型书房

图 4-54　兼用型书房

【点评】该案例（图 4-53）是金叶岛第 10 区 5 栋 305 户型样板房的书房设计。书房使用了暗红色实木书桌、浅棕色实木地板以及深褐色的木质书架，这些沉稳厚重色彩的运用，让整个空间显得古朴大气，同时印有曲线花纹的座椅与壁纸的花纹协调统一，为硬线条的空间增加一丝柔和之美。

【点评】图4-54宜居华庭高尚住宅样板房的书房类型属于兼用型书房，在卧室和书房之间设置一道推拉门，划分出两个功能区，值得注意的是推拉门使用了和整个卧室相同的壁纸，将推拉门拉上，很难发现书房的存在，这是为了给居住者打造更加便利和私密的休息、工作区域。

2. 书房的设计

根据住户的喜好，有多种书房设计风格，如现代简约风格、欧式风格或者是中式风格等，不管何种风格，设计师都应依照一定的设计原则，将书房与整个家居的装饰风格协调统一，同时还要利用照明和色彩及家居陈设来营造舒适宁静的工作阅读环境（图4-55）。书房的设计有以下3个重点。

（1）在照明设计上，书房应采取自然照明和人工照明相结合的方式，选择采光好的房间，利用透光性好的窗帘使居住者能够最大化地利用自然光。其次，人工照明可使用直接照明和间接照明的方式，光线最好从左肩上端照射，为了保护主人的眼睛，最好在书桌上放一盏高度较高又不刺眼的台灯，使光线直接照射在阅读区域（图4-56）。

图 4-55　书房设计

图 4-56　书房中的照明设计

【点评】该案例（图4-55）的书房设计中整个色调采用了深棕色，给人一种沉稳端庄的感觉，棕色的实木背景墙上布置了几幅装饰画；复古留声机融于整个环境当中，充满韵味，耐人寻味；落地开窗提供了良好的自然光线，营造了私人的家居阅读环境。

【点评】该案例（图4-56）中书房的设计属于典型的欧式风格，造型精美细致的白色欧式书桌椅看起来高贵典雅。书桌上放置一盏金底白罩的台灯，格外耀眼，仿佛是一件造型优美的艺术品，为使用者提供照明的同时，又能够带来无尽的审美体验。

（2）书房中使用的色彩不宜过于鲜艳明亮，因为亮颜色会导致人的思想难以集中，给人带来情绪上的烦躁不安，无法静下心来工作学习。相反，清新淡雅的颜色则能使居住者心情平静，可以帮助他们更高效率地完成工作。例如，使用淡蓝色、淡绿色、灰紫色等柔和的冷色调能够安抚人的心情。同时可以采用具有吸音隔音效果的装饰材料，为住户提供更加安静的工作环境（图4-57）。

（3）书房的家具主要以书桌和书柜为主，细分为书架陈列类、阅读工作台面类和附属设施3种类型（书房家具常用尺寸见表三）。其中书架陈列类的家具包括书架、博古架、文件架等（图4-58），阅读工作台面类包括办公桌、工作椅、电脑桌、操作台、绘画工作台等（图4-59）；附属设施类包括休闲椅、茶几、台灯和笔架等。设计师要根据设计的整体风格合理地选择、配置家具，通过灵活的摆放达到划分不同空间区域的目的。此外，书房中的陈设会使书房别有一番风味，如绘画、雕塑、工艺品等，既能够起到装饰书房的效果，又能够在人们工作间歇时供人欣赏把玩，缓解主人的疲惫感（图4-60）。

表三　书房家具常用尺寸

名　称	长 L（mm）	宽 B（mm）	高 H（mm）
书桌	1200 ~ 1600	500 ~ 650	700 ~ 800
办公椅	450	450	400 ~ 450
书柜		1200 ~ 1500	1800/ 深 450 ~ 500
书架		1000 ~ 1300	1800/ 深 450 ~ 500

图 4-57　书房中的色彩设计　　　　　　　　　　　图 4-58　书房中的家具设计

【点评】该案例（图4-57）的书房采用大量的中式木质材料和造型，凸显了中式风情，立面上则采用了典雅的深色壁纸，营造出既清新自然又不失沉稳大气的空间氛围。

【点评】该案例（图4-58）的书房中的一侧放置着简约大气的书架，书架上可供摆放丰富的书籍以及精致艺术收藏品等，既可凸显主人文化内涵，又能展现高雅的审美情趣，而黑色的实木

图 4-59　书房中的家具设计

图 4-60　书房中的陈设

书桌椅使整个空间显得端庄大气。

【点评】该案例（图 4-59）的书桌和座椅的组合属于阅读工作台面类的家具，沉稳大气的中式风格的书桌椅，为整个书房增添了意蕴深厚的中国风，中式座椅上摆放着绘有中国特色花纹的坐垫，充满复古的韵味，可见主人对于中国元素的热爱。

【点评】该案例（图 4-60）中书房的设计整体色调偏灰，灰色的窗帘、灰色的墙面，以及灰色的地面，配以黑色的书桌和座椅，压重空间的色调，墙上两幅风格一致的装饰画颇为吸引人眼球，画中也采用了与空间一致的黑灰色，在灯光和周围环境的烘托下，画框中的荷叶荷花活灵活现，更加逼真。

4.2 私人生活区域

私人生活区是家庭成员们进行私密行为的活动空间，它的设计需要充分满足家庭成员个体的不同需求，私人活动区域存在的作用就是为关系亲密的家庭成员们提供适当的私人空间和适度的距离，以此来维护个体自身所需要的自由与尊严，以缓解其心理负担或是精神压力，同时也可以拥有自己的空间展现自我爱好和满足兴趣取向。私人活动区域主要包括卧室（图 4-61）和卫浴间（图 4-62），该空间是提供个人休息、睡眠、更衣、洗漱、梳妆等行为活动的私密性区域，在满足大多数人共同需求的同时，又以个人的心理和生理差异以及喜好品位的不同进行针对性设计，下面将从卧室和卫浴间两大私密性较强的空间着手，论述私人生活区设计时应注重哪些细节。

4.2.1 卧室

卧室，是人们梦开始的地方，也是人们追梦途中得以休憩的港湾，是最能体现出不同年龄阶段的人们最具个性化的特殊区域。

图 4-61　主卧室

图 4-62　卫浴间

【点评】该案例（图 4-61）是鸟语茶香保利东湖林语样板间的主卧室设计，以还原传统中式明清风格为主。中国风的木质隔断，墙上的装饰水墨画，素色的布艺窗帘等的搭配，打造出了一个古色古香的宁静素雅卧室空间。

【点评】该案例（图 4-62）是杭州城市之星样板间的设计，卫浴间的灯光设计使卫浴间的空间显得更为敞亮奢华，正面的玻璃镜面让空间更加通透敞亮，空间中素色大理石的铺设与黑色木柜、花瓶的搭配使空间显得简约大方、低调而又奢华，体现出了主人高端的生活品质。

卧室主要是提供个人休息睡眠的私人活动空间，是居住空间中最重要的组成部分，在卧室中，人们通过完全地休息放松，真正地解脱松弛来获得体力的恢复、心理的平衡舒畅，所以卧室是人们自我修复、补充精力的场所。

1. 卧室的功能

人的一生中会三分之一的时间是在睡眠中度过的，卧室是人们在家中停留时间最长的空间。卧室除了具有提供个人休息睡眠的功能外，还可满足家人进行亲密的情感交流，以及梳妆换衣功能、储物功能、阅读及视听等功能（图 4-63 和图 4-64），这些辅助功能则因人而异，年龄、性别、人数等因素都要考虑在内。卧室的设计不但应保证使用者的休息质量，也要体现出其生活品质。

由于卧室具有私密性，又需要足够的安定感，因此卧室常常被安排在居住空间的最里端，应尽量与公共生活区保持适度的距离。卧室的面积应保证在 15 ~ 20m² 最为合适。

卧室内最主要的功能就是休息睡眠，所以卧室的平面布置应以床为主，根据卧室空间规格和使用人群，符合卧室整体设计风格，设置尺寸合适的床型，以保证主人的睡眠质量。床的位置应尽量靠着墙面，其他 3 个面临空，不宜正对着门，否则会使人感觉房间狭小压抑（图 4-65）。床的摆放方向最好是床头朝南、床尾朝北，据医学研究调查，这与地球磁场相应，有助于人的快速入睡和细胞的新陈代谢，提高睡眠质量。其次床应与窗口保持一定距离，远离窗口的噪声污染和风口。床两侧应设置床头柜，用于搁置和存贮物品。一般床位确定后，再布置其他功能区域（图4-66）。

图 4-63　主卧室

图 4-64　卧室

　　【点评】该案例（图4-63）是主卧室的设计，设计者考虑到主人使用中的实际需要，在卧室面积充足的情况下，增加了一组休闲沙发，以满足主人日常在卧室中休闲交流之需，并设置了一个更衣储藏室，满足其换衣、储藏的需求。

　　【点评】该案例（图4-64）是南国明珠复式住宅卧室的设计，为了满足主人对视听、阅读、休闲、娱乐等功能的需求，在这个时尚现代的卧室空间中特别划定了一块作为主人进行阅读休闲活动的区域，另外在卧室空间内也设置了相应的视听设备来满足主人的需要。整个卧室的设计时尚、简约、现代，符合了主人个性化的需求和独特品位。

图 4-65　卧室中床位的安排

图 4-66　卧室功能区布局形式

【点评】该案例是嘉盛豪庭复式样板房卧室的设计。图 4-65 所示的卧室的整体布局以床为主，一面靠墙，其他三面临空。选择床型时，考虑到了适合使用者身材的尺寸、使用者喜爱的材料质地以及卧室的整体设计风格。该卧室床型的选择就考虑到了卧室空间沉稳素雅的设计风格，床型采用厚重的木质底座和雅致柔软的床上用品。

【点评】该案例（图 4-66）是潮白河孔雀城双拼别墅的样板房的卧室。卧室功能区的布局是围绕着床位展开的，床两侧的床头柜以及一侧的置物架都能满足卧室的储物功能，床前的组合沙发座椅，满足卧室休闲放松、交流休息的功能。另外，床位的设置也尽量远离了窗户和门，位于卧室中心，紧贴前面，给予使用者一定的安全感。

卧室空间还应合乎化妆、休闲、储藏，以及卫生保健等综合性要求。女性通常会在卧室中化妆更衣，所以卧室空间中应划分出可供梳妆和更衣的区域，用来安置梳妆台、椅和更衣柜等。卧室中设置休闲区的目的是期望满足使用者视听、情感交流、阅读、思考等活动的需求，该区域可兼顾学习和娱乐的双重功能（图 4-67）。同时，卧室中应保留充足的储物区域，用于储存各类被褥衣物等。如果卧室空间面积允许，还可设置主卧室专用的卫浴间。

图 4-67　卧室功能区布局形式

【点评】该案例是无锡九仓龙样板间的卧室设计，卧室的布局充分考虑到了女户主对于卧室空间使用需求，整个的设计装饰风格俏皮可爱、典雅浪漫。各功能区的设置可满足其梳妆、更衣、储物、休闲、阅读、学习等各种需求。

2. 卧室的设计

卧室的设计要保证有一定的自主性和私密性，力求使用者能在自己的一片小天地里不会受到任何的干扰，可以专心地独自进行个人活动，个人拥有自主支配权，所以卧室设计风格的选择离不开使用者的个人需求，以下将从卧室的界面、色彩、灯光照明和家具陈设入手，分析卧室设计应注重的要点。

（1）卧室的界面设计主要强调简洁，顶面处理一般宜简约或者设置少量线脚。界面处理一般会选用淡雅的涂料，不建议将顶面处理成深色，会给人压抑的感觉。墙面除了可以选用乳胶漆等涂料外，还可以选择具有柔软触感、色调柔和雅致的墙纸、墙布等材料（图4-68），既可以减少噪声，又可美化空间，或者是采用更具个性化的手绘图案的墙面处理方式，而局部的墙面可采用软包或者木饰进行装饰。其中，在墙面的处理上，床头背景墙应是重头戏。简洁干练的造型，精致的色彩搭配，质感丰富的软装饰。具备一定使用功能的床头背景墙的突出设计既可体现整个卧室的设计风格品味，也可烘托出卧室的独特气氛。此外，卧室的地面一般会使用保暖性较好的木地板和地毯等材料，地板便于清扫，而地毯虽然舒适，但容易滋生细菌，也不容易清洗，所以建议在卧室内使用局部地毯（图4-69）。

图4-68 卧室的界面设计   图4-69 卧室的界面设计

【点评】该案例（图4-68）是美的地产君兰样板房的卧室设计，卧室的整个墙面设计简约得当，空间中色调素雅温馨，大幅的装饰画与床上用品的花纹、布艺窗帘的纹样交相辉映，床头暖色调的灯源更加烘托了卧室的整体气氛，为主人打造了安逸舒适的休息环境。

【点评】该案例（图4-69）是远中风华的样板房的卧室设计，其顶面增加了简单的线脚设计，使顶面的处理更为精致，符合整个空间低调奢华的设计风格。地面铺设的格纹地毯成为卧室空间中的点睛之笔，与一角的红色沙发以及卧室中的木制家具形成色彩上的呼应，提升了整个空间的格调氛围。

（2）温馨、亲切、静谧、轻松、舒适、和谐是卧室色彩设计所期望营造出来的。卧室的色彩设计应淡雅、简洁、宁静，色彩的明度应低于起居室（图4-70）。慎重采用原色的搭配，稳重、淡雅的颜色更为适合。

图 4-70　卧室的色彩搭配

【点评】该案例是成都龙湖的样板间的卧室，浪漫的粉色系床上用品、温馨的米白色暗纹墙纸、加上几个粉绿色的抱枕作为点缀，使整个空间氛围充满了少女的气息，典雅而梦幻。

（3）卧室的灯光照明应以柔和的暖色调光源为主，也可根据各功能区的性质进行安排（图4-71）。如在墙面安装各种形式的壁灯，或者在床头处安置可调节明暗的台灯、嵌入式筒灯等，也可增设脚灯，能为夜晚如厕提供照明需要。如今卧室的照明设计追求"见光不见灯"，就是整个卧室不会直接出现灯泡、灯管等照明灯具，空间照明亮度更为温和，氛围更为温馨浪漫（图4-72）。同时考虑到功能照明的需求，可设置多种灯具分开关控制以满足不同照明需要，或装设光源调光器控制光源亮度。

（4）卧室中家具的设置不仅仅要满足功能的需要，还要起到美化空间的作用。因考虑到卧室的面积因素，可选用单体式家具陈设或者组合式家具。其中单体家具的组合形式更为丰富，可根据空间形式自行组合，但要注意整体风格和色彩质地的统一（图4-73）。而组合式家具只要空间充足，布置更为方便，风格也统一。其次，在挑选家具时，应选择安全环保的材料和工艺制成的家具陈设（卧室家具常用尺寸见表四）。必要时，也可于卧室之中摆放一些驱蚊虫、改善室内空气的植物，但应注意卧室的通风环境，不建议摆放过香的植物。

图 4-71　卧室的灯光照明设计

图 4-72　卧室的灯光照明设计

【点评】该案例（图 4-71）中卧室的灯光照明设计充分考虑到了各功能区的照明需要，天花的吊灯、书桌、床头柜上设置的台灯满足主人的日常照明需要，壁灯、嵌顶灯的设置则为烘托卧室的温馨气氛。灯具的合理安排，可避免电力的浪费，对空间环境氛围的打造也有所帮助。另外卧室空间的照明以暖光源为主，温和舒适。

【点评】该案例（图 4-72）是香樟墅别墅样板房卧室的灯光设计，其达到了"见光不见灯"的设计要求，灯管隐藏于顶面天花中，满足日常照明需要的同时，使空间照明方式更为温和雅致。

图 4-73　卧室的家具陈设

【点评】该案例是紫檀宫的样板间起居室设计，古朴的明清木质座椅、床头柜、置物架的设计安排与该卧室传统中式的设计风格相一致，这些家具的添置更是画龙点睛之笔，使空间的氛围更加古朴大气。同时绿植、碎花窗帘的点缀搭配，也让人耳目一新。

表四　卧室家具常用尺寸

名　称	规格	长 L（mm）	宽 B（mm）	高 H（mm）	厚（mm）
双人床	大	2100	1800	480	
	中	2000	1500	440	
	小	1960	1350	420	
单人床	大	2000	1200	460	
	中	1960	1000	440	
	小	1920	900	420	
双层床		1850 ~ 2000	700 ~ 900	420	
儿童床	小	1250	700	1100	
	大	1000	550	900	
床头柜	大	600	420	700	
	中	450	400	660	
	小	400	360	600	
梳妆台	大	1200	600	760	
	中	1000	500	740	
	小	900	380	720	
大衣柜	大		1500	2200	620
	中		1200	2000	600
	小		1000	1900	520
	大		现场尺寸	2800	620
五屉柜			1000	1200	600

另外，卧室中的窗帘、帷幔的使用，最能勾起人们的柔情。窗帘的设置一般是一纱一帘，这样的设计更利于营造舒适静谧的睡眠环境，也可使空间环境更富有情调。同时，恰当的饰品装饰，会使空间更具浓厚的个性化风格，如精巧可爱的抱枕搭配可为整个空间气氛增色，或者以人物或者景物为题材的装饰画、小闹钟、相框也是不错的选择，也能为卧室起到画龙点睛的作用。

4.2.2 儿女卧室

儿女卧室是居住空间中幼儿和青少年时期使用的卧室，可做活动空间使用。在家庭生活中，就算最亲密的家庭成员之间也需保留有自己的独处空间，儿女们也不例外，这对于儿女的健康成长、心理成熟都有帮助，因为儿女们也渴望独立，渴望拥有自己的天地（图 4-74）。关于儿女卧室的设计，需要考虑到孩子的性别、年龄、性格等方方面面，需要切实满足其成长和心理需要，不可站在成人的角度去考量。

1. 儿女卧室的功能

儿女卧室是提供孩子成长和学习的空间。儿女卧室的面积一般在 10 平方米左右。它的位置最好应安排在临近于主人卧室，保持相对亲密的距离，以满足父母照顾儿女的需求。

根据儿女成长的不同阶段，儿女卧室的空间功能区划分和布局不尽相同，而且家具布置、色彩和设计风格要根据性别和年龄阶段的不同进行设计。一方面空间要舒适，让孩子们能享受童年、享受亲情。另一方面也要促进孩子的健康成长，利于孩子的身心发展，营造适宜学习和游戏的区域环境（图 4-75）。

图 4-74　儿女卧室

图 4-75　儿女卧室

【点评】该案例图 4-74 是长甲上海豪全花园别墅的样板间儿女卧室的设计，设计者考虑到了孩子们的实际需求，营造出属于他们的一片小天地。该卧室的设计通过采用一些活泼可爱的花纹墙纸、色彩鲜艳的花纹地毯等来迎合孩子们的喜好，温馨俏皮的设计风格能使孩子们在这片空间中获得归属感。

【点评】该案例图 4-75 中儿女卧室的设计独具个性化，鲜艳的色彩搭配，活泼俏皮的花纹布艺，使整个空间充满活力与激情的氛围，满足了青少年时期孩子的个性需要。孩子可以在这样一个精心设计的卧室空间中享受童年，健康成长。

儿女卧室的功能分区大致以睡眠区、娱乐区为主，储物区为辅。儿女上学后，应设置相应的学习阅读区。同时，也可以灵活的根据孩子的成长情况进行增删功能区。

婴儿时期的孩子因年龄太小，无法脱离父母的照顾，一般出于安全方便的角度考虑，会在父母的主卧室中设置育婴区，添加婴儿床和婴儿玩具即可，布局以方便安全为主。

幼儿时期是儿女 3 ~ 6 岁的关键成长期，孩子们应该拥有属于自己的活动与休息空间。学龄前儿童的卧室扮演的是一个游戏空间的角色，这个时期的孩子们活泼好动，行为大胆难以控制，卧室作为他（她）们主要的活动区域，应足够的宽敞明亮，有充足的阳光和清新的空气，能保持适宜的温度。保证儿女有温馨静谧的睡眠环境，还应规划大片的安全宽敞的活动区，以供孩子们进行有趣的异想天开的创造性行为活动（图 4-76）。此外，安全性也是规划设计的重中之重，床位不应过高，应远离窗户，窗户也应做好防护措施，空间内不要设置大面积的镜子或玻璃，不要有过大的家具摆放其中等。

青少年时期一般指孩子入学后 7 ~ 18 岁的年龄，该时期的卧室可与父母卧室保持一定的距离，以培养孩子独立的生活自理能力并保留孩子的隐私空间。卧室的设计除了应重视儿女睡眠区域的维护外，还应添加行为活动区、学习阅读区等。室内空间的安排应充分考虑到儿女的不同性格和喜好，不要盲目的擅自安排，甚至可以允许孩子自己规划安排区域。这时的孩子逐渐长大，会越来越有主见，也开始注重自己的隐私，更期望展现自己的个性风格（图 4-77）。卧室将成为他（她）们在居住空间中最为喜爱、最为重视和最长停留的空间，所以应该灵活地布置该空间，除了满足其基本的功能外，应保留一定的创造空间，给予孩子们自主安排的自由，以展现其创造和协调能力。

图 4-76 儿女卧室

图 4-77 儿女卧室

【点评】该案例（图 4-76）中卧室的设计考虑到了孩子活泼好动的个性特征，将卧室设计像一个游乐场，儿童床的独特设计，滑梯的设置，漂亮的墙纸窗帘等都为孩子们进行游戏及创造性活动、释放天性等提供了足够的温馨安全的活动空间，充满了童趣。

【点评】此案例（图 4-77）是融创长滩壹号样板间中的卧室设计，为满足青少年时期的孩子们展现个性的需要，采用了孩子们喜欢的元素来装饰空间，如床头的海军装饰画，足球形状的台灯，有可爱图案的地毯，以及色彩素雅的墙纸、窗帘等的设计，展现了孩子们的独特个性及爱好。同时，各个功能区的分配也恰到好处的满足孩子成长的需要。

2. 儿女卧室的设计

　　父母们须认真对待儿女卧室的设计，孩子们不仅要在这个空间休息、睡眠、游戏、学习，还会在这期间形成独立意识，培养兴趣爱好，提高自理能力等。所以，作为孩子们独自居住的空间，其布置应随着孩子年龄的增长有所改变，应营造灵活而舒适的空间。

　　儿女卧室的设计主题风格应该丰富灵活，设计师应尽可能地多去了解孩子的需求，注重设计的安全、灵活和绿色环保，以下将从界面、色彩、照明和家居陈设 4 个方面为读者介绍在儿童房设计中应注意的设计要素。

　　（1）儿女卧室的顶面天花和墙面的造型应设计得富有想象力并有趣味性，如应用仿生设计原理，将天花和墙面设计成海浪或者花朵的造型等。墙面饰材应选择安全无污染的环保内墙漆或者墙纸，质感柔软，色彩和图案也很丰富，同时也能便于更新换代，满足孩子们善变的喜好和兴趣。天花和墙面饰材也有可擦洗式的，可给孩子提供足够的"自由创作"空间。在幼儿时期，卧室的墙面上还可用一些卡通图案和几何造型来丰富墙面，提升孩子的居住乐趣。青少年时期，则可将这个墙面区域交由孩子们自己设计搭配，给予他们充分展现自己个性喜好的自由。儿女卧室的地面要选用有一定弹性的木地板或者地毯，要注意防滑。孩子们小时候多喜欢在地上爬行玩耍、赤脚走动，这时柔软舒适的地面既会让孩子感到舒服惬意，又能对孩子起到保护作用（图 4-78）。

　　（2）儿女卧室的色彩选择应根据孩子的成长阶段的变化进行适当调整。处在不同年龄段的孩子们各阶段所喜爱的颜色也不尽相同。

　　三岁以下婴儿期阶段，色彩对孩子们的心理和生理有很大的影响。卧室中大面积墙面、窗帘、灯光等颜色应选用奶白色、浅蓝色、浅粉色等一些明度较高、柔和浪漫的色彩。从刚出生的婴儿视觉发展上来说，这个时期的婴儿大部分会是在睡眠状态，对色彩的感知还比较朦胧，无法形成视觉焦点，因此选择浅色可以减少对视觉感官的刺激。但随着婴儿逐渐长大，孩子的活动逐渐增加，这时便可适当地选择一些原色或者相对颜色比较艳丽的色块或者图案点缀在房间中，如湖蓝色的抱枕、金黄色的气球、大红色的娃娃玩具等，这些都有利于提高孩子的色彩辨识度，培养孩子的认知能力，有利于孩子的身心发展。

　　在孩子们青少年时期的前期，随着他（她）们对色彩的辨识度逐渐完善，根据孩子的发展程度，可以在卧室的用色上大胆一些，选择一些形成强烈对比的鲜艳易于识别的颜色，如使用红黄蓝三原色或者紫色、绿色等复色或者中性色等。这种色彩环境可以激发孩子的想象力和创造力，使孩子沉浸在自己的"小王国"中（图 4-79）。

图 4-78　儿女卧室的天花设计　　　　　　　图 4-79　儿女卧室的色彩设计

【点评】该案例（图 4-78）中卧室天花的趣味性设计独具匠心，设计成清新可爱的花朵图案布满了顶面天花，让卧室更加精致浪漫。在其他界面的处理上，也采用了可擦洗式的墙纸并铺设了柔软的地毯。给孩子足够的"自由创作空间"的同时，也提供了安全保证。

【点评】该案例（图 4-79）是武汉金地格林春岸样板间的儿女卧室设计，青少年时期的儿女卧室在空间整体色彩上选用了鲜艳的色彩，如深蓝的墙纸、橘黄的木质天花、绿色的各式抱枕等都让人眼前一亮。另外，房间里的装饰物不仅造型有趣，在色彩上也十分丰富多样，这样的设计搭配为孩子们打造出了一个专属小王国。

当孩子成为在校初、高中生的时候，思想方面更加成熟，生理和心理都有了质的变化，对事物有了自己的判断。因此这个时候家长们可以鼓励孩子们选择自己喜欢的颜色来装饰卧室，训练孩子对色彩的把握和对颜色的搭配能力，也使孩子们更加喜爱自己精心安排规划的卧室（图 4-80）。

（3）房间中良好的采光照明对孩子的视力等方面至关重要。儿女卧室需要合适的采光照明环境，为了保证光线充足，儿女卧室前期设计时应选择在有良好采光的房间（图 4-81）。当室内采光还是不足时，则需要通过增加照明灯具补充室内亮度。但伴随着孩子们的成长，不同的成长阶段需要的照明形式和照度是有所区别的。婴儿时期孩子的卧室的照明只需要在照看孩子的时候满足基础照明，其他时候婴儿多在睡眠阶段，所以室内的灯具应加装光源调光器，在孩子睡眠时，将室内的光线柔和一些，既方便照顾婴儿，又不会影响到婴儿睡眠。而较大孩子的卧室，为了保护他们的视力健康，应在多采用护眼灯做局部照明，满足孩子阅读需要。尽量不要使用落地灯和卤素灯，孩子活泼好动，好奇心重，落地灯容易导线且容易绊倒孩子，而卤素灯温度过高，孩子出于好奇的触碰会引起烫伤。同时为了便于孩子夜间如厕，应在房间中增加一盏低瓦数的壁灯以供夜间使用。

图 4-80　儿女卧室的色彩设计

图 4-81　儿女卧室的采光照明

　　【点评】该案例（图 4-80）是保利中央公馆的样板房儿女卧室的设计，其整体色彩一改往日的儿女卧室浓厚鲜艳的颜色，采用了海军蓝白色的搭配，素净稳重，却又不失灵动。独具特色的床头柜的精致设计和泳圈等床头装饰物，以及房间内的各种图案花纹的抱枕的点缀，让整个空间的风格更为统一，让人更能领略到深蓝色大海的风情。而这种干净素雅的装饰风格也让逐渐长大的孩子们更易于接受。

　　【点评】该案例（图 4-81）是江门上城铂雍汇别墅样板房的儿女卧室设计，其采光十分充足，减少了不必要的灯具照明形式，既节能环保又有利于孩子的视力发展。另外，在室内照明方式上，不同的功能区采用不同的照度、形式的灯具，以满足孩子日常活动的需要。

　　（4）在家居陈设的选择上，应依据儿女们不同的性格和兴趣爱好，专门定制不同的适合孩子们的家具。儿女卧室内的家具尺寸应按比例缩小，以符合孩子的人体工程学为主，小板凳、小桌子、小柜子可以让孩子触手可及，易于掌控（详细家具规格见表五）。卧室内的家具应牢固稳当，应选经过倒角的家具，不宜在室内设置大面积的镜子和玻璃之类的危险易碎品，防止意外事故的发生。在儿女卧室的读写区域中，书桌和座椅的高度要跟随孩子的个子及时更换。也可根据孩子的喜好增加手工台、试验台或者女孩子使用的梳妆台等。也可以在卧室空间中人性化地安置内嵌式的置物架摆放孩子们珍贵的收藏品（图 4-82）。

图 4-82　儿女卧室的家具陈设

【点评】该案例是万科城别墅样板间的儿女卧室设计，考虑到女孩子心理及生理的发展特点，卧室整体风格浪漫清新，选择了做工精致细腻的木制家具，以雅致的白色为主，各家具的边角也经过了倒角处理，避免孩子活动时意外碰伤。除了设置必要的梳妆台、书桌等，为满足孩子想要装点自己喜爱的空间的需求，也设置了一个内嵌的置物架用于放置孩子喜爱的藏品等。

在室内家具陈设的安装上，需要多加考虑孩子的安全。如尽量不要再室内增肌地台，在楼梯处应增加防滑垫，门要安装防自锁装置，窗户要有结实的防护罩，墙体上的尖角处和家具设备的造型转角处都要安装圆弧形保护软垫，孩子的床也要增设防护隔板。室内各种家用电器都应以安全工艺安装以及要有保护装置，防止误伤孩子。

4.2.3 卫浴间

现代的卫浴间不再仅仅是解决个人清洁问题的私密性空间了，随着人们生活品质的提高，对卫浴间的要求除了适用，还应经济、舒适、卫生、安全、美观。卫浴间既是解决人们基本生理需求的空间，也要能让人们通过沐浴休整来缓解疲劳的身心。如今，整体卫浴已成为居住空间设计的必然发展趋势，通过合理的布局、精心的设计，促使卫浴间的功能性、实用性、美观性都能发挥到极致，以满足使用者的不同需求，展现其生活品质（图 4-83）。

1. 卫浴间的功能

现代卫浴间的设计发展已十分发达，设备种类也十分丰富，是除了如厕、洗浴的基本功能外，还兼具化妆、洗衣、更衣、晾晒等多种功能的集合功能空间，应主人个性化的需求还可提供试听、阅读、按摩等多样化功能（图 4-84）。

图 4-83　卫浴间

图 4-84　卫浴间

【点评】该案例（图 4-83）中卫浴间精心细致的设计满足了户主基本的功能需要，同时，奢华典雅的暗纹墙纸、防滑垫和丝滑的纱质窗帘，典雅的木质储物柜、金属花纹的镜面边缘装饰等都烘托了空间氛围，既提升了户主的生活品质，也展现了其高雅的生活品位。

【点评】该案例（图 4-84）是保利金沙洲别墅样板房卫浴间设计，为了能给予户主一个多功能的卫浴空间，让卫浴间成为其放松身心、缓解疲乏的有效场所，该卫浴间增加了一套视听设备，满足户主的个性化需求。

卫浴间的设计要根据居住空间的面积、主人的意愿、家庭成员人数和生活习惯等因素综合考虑，以确定卫浴间的方位、数量和规模。如果住宅面积许可，一般会设置两个卫浴间，一个作为公共卫浴间，供其他家庭成员以及客人使用；另一个则位于主卧室中，由主人专用的卫浴间。卫浴间的面积一般为 7 ~ 9m² 差不多就足够了，空间布局也不会有太多限制，经过合理地规划分配，不但能布置下一般需要的家具设备，而且还能达到基本的干湿分离。卫浴间的位置多选择于通风采光较好的空间，便于空气的流通，避免空间潮湿滋生细菌（图 4-85）。

卫浴间的功能分区主要分为洗衣清洁区、盥洗梳妆区、沐浴区和如厕区。布局分区时应注意洁污分离、动静分离、干湿分离。一般沐浴区会被单独隔开，防止洗浴时水花乱溅、弄脏其他区域和造成卫浴间地面湿滑，隔断一般采用全封闭式隔断如安装玻璃隔断、玻璃推拉门等，或者是采用防水帘布、百叶窗等局部隔断（图 4-86）。洗浴间的空间布置要张弛有度，合理划分主要功能区后，可将放松休闲的区域穿插进去，该区域可提供一定的试听、阅读的功能，应避免此区域堆放太多物品，因为比较开阔的空间才能让人放松身心。

图 4-85　卫浴间的位置选择　　　　　　　　　　图 4-86　卫浴间的隔断

【点评】该案例（图 4-85）中卫浴间的采光十分充足，这样有利于卫浴间的通风清洁，能有效地避免细菌的滋生，一改其潮湿阴暗的空间环境。同时，该卫浴间功能区的分布也十分得当，基本达到了干湿分离的要求。

【点评】该案例（图 4-86）是建邦原香溪谷的样板房卫浴间设计，设计采用了玻璃推拉门作为沐浴区、盥洗梳妆区和如厕区的隔断形式，避免了洗浴时的水花乱溅，同时玻璃的隔断不会影响到空间的采光，卫浴间依然宽敞、通透、明亮。

从卫浴间的布局形式上来看，一般可分为 3 种形式，即独立型、兼用型和折中型。独立型卫浴间是将沐浴区、盥洗梳妆区、清洁区、如厕区分开成为独立的空间，功能明确，能很好地做到各功能区互不影响且干湿分离，可以大大提高卫浴间的使用效率，但该布局形式所需空间面积较大且所需造价过高（图 4-87）。兼用型卫浴间则是将各个功能区合并集中在一个空间内，中间没有明确的空间划分，这种布局形式的卫浴间虽然节省空间且经济实惠，但不允许多人同时使用，会造成时间上的浪费，不适合人口较多的家庭使用（图 4-88）。折中型卫浴间则是前两种布局形式的结合，它是将部分功能区合并起来，这种组合方式较自由，可根据主人生活习惯及需要进行合理安排，如将盥洗梳妆区、清洁区集中起来，沐浴区和如厕区则独立出来，既节省了一部分空间，也提高了使用效率（图 4-89）。

2. 卫浴间的设计

卫浴间的设计要秉着"以人为本"的设计原则，重视人们的生理和心理的健康需求，依据人们的使用行为习惯，充分合理地设计利用空间。其设计重点一般从以下 5 个方面入手。

（1）卫浴间的界面处理要以简洁为主，通常会采用墙面材质色彩、地面铺装来体现卫浴间的不同功能分区。界面的材料一般注重采用防水防滑耐污的装饰材料（图 4-90）。

图 4-87　独立型卫浴间

图 4-88　兼用型卫浴间

【点评】该案例（图 4-87）是嘉盛豪庭复式样板房卫浴间的设计，其采用的是独立型卫浴间的形式，将各功能区分离开来，在提高户主使用效率的同时也做到了干湿分离，易于日常打扫清洁。

【点评】该案例（图 4-88）是五云山定制庄园别墅样板房的卫浴间设计，此卫浴间的布局形式为兼用型，由于空间面积较小，所以各功能区没有进行明确的分区，在日常使用时应注意必要的维护和清扫，注意干湿分离，提高使用效率。

图 4-89　折中型卫浴间

图 4-90　卫浴间的界面设计

【点评】该案例（图 4-89）的卫浴间采用的是折中型的布局形式，将沐浴区围合起来，避免了沐浴时水花乱溅，同时通透玻璃隔断也不会影响卫浴间的日常采光。该空间布局合理、功能完善、照明采光充足，能充分地满足户主日常的生活需求。

【点评】该案例（图 4-90）中卫浴间的界面处理充分考虑到其防水防滑的要求，不同的功能区也通过不同花纹的地砖进行有效的区分，沐浴区的地砖则进行了专门的防滑处理。该空间界面铺装以暖色调为主，马赛克拼贴的腰线作为一抹重色装饰其中，使空间更为大气典雅。

（2）在卫浴间的色彩搭配上，视觉效果需要由各界面材料、灯光、陈设器具的色彩相融合而成。一般来说，卫浴间的色彩以冷灰色调为佳，多运用透光玻璃做装饰，因为冷色调往往具有很好的反光效果，会让狭小的卫浴间更具空间感、通透感（图 4-91）。也可采用清新自然的暖色调，如乳白色、象牙黄的墙体，配以色彩相近、图案雅致的地面铺装，在柔和、温暖的灯光的映衬下，会使整个空间视野开阔、气氛温馨、环境清雅洁净。现在年轻人喜欢运用马赛克装饰空间，但马赛克的色彩不宜过于艳丽和跳跃，否则会给人带来情绪上的波动，打破整个空间轻松安宁的氛围。另外，整个空间的大面积色彩不应有较大反差，应该要有主次之分，统一于整体的风格色调（图 4-92）。同时，也可以用小巧精致的绿化来点缀空间，丰富室内的色彩变化。

图 4-91　卫浴间的色彩设计

图 4-92　卫浴间的马赛克拼贴

【点评】该案例（图 4-91）是淮南领袖山南样板房卫浴间的设计，其色彩搭配以冷灰色调为主，打造出清爽现代的空间氛围。玻璃推拉门以及镜面的采用，使空间显得更为通透明亮。

【点评】该案例（图 4-92）是南国明珠复式住宅样板房的卫浴间设计，墙面采用了马赛克拼贴的形式，素雅的大朵玫瑰挤满了整面墙，为整个空间增添了一份艺术气息。

（3）灯光照明也是卫浴间一个重要的组成部分。卫浴间的灯光照明系统一般分为淋浴区和洗漱区两个区域。淋浴区一般由浴缸和淋浴器组成，该区域的灯光以柔和为主，亮度不用太高，光线均匀，灯具应有防水散热以及安装结构不易积水的功能，淋浴区一般多在墙面或者顶面安装白炽灯、荧光灯。洗漱区使用者一般会有化妆需求，所以对灯光的亮度有所要求，对光线的角度和灯光的照度也都有较高要求，所以会多采用白炽灯和显色性较好的灯具，位置一般在化妆镜两侧或顶部（图 4-93）。

卫浴间是一个常常容易积聚潮气的较为闭塞的空间，所以应特别注意空间的通风。特别是小户型的居住空间的卫浴间往往没有窗户，所以应当充分利用卫浴间里的排风口，安装噪声率较低的管道抽风机或抽风扇等，及时给卫浴间换气，避免湿气过重损坏卫浴间家具设备。

（4）挑选卫浴间的家具时需要关注到老人、孩子等这部分特殊使用人群的需求，重视细节的人性化设计，对卫浴空间环境的营造非常重要（卫浴间家具常用尺寸见表五）。如在必要的区域安装扶手，铺设防滑垫，有效地维护老人或残疾人士的安全；安装儿童专用坐便器，训练孩子自主排便能力并培养良好的卫生习惯；电源开关、插座应远离水源，要有安全的防护措施；可根据空间需要加装通风器、暖风机、浴霸等设备；洗浴用品应该分门别类摆放整理，提高空间整洁度。

卫浴间中除了安装各式坐便器、蹲便器、洗脸盆、淋浴花洒、浴缸、浴室柜外，为了满足使用者其他功能需求，在卫浴间空间面积允许的情况下，根据使用者的行为习惯和喜好，可以增加沙发床、书柜、电视、音响设备、桑拿房等。这些家具陈设都能提高整个空间的品质和舒适度（图4-94）。

表五　卫浴间家具常用尺寸

名　称	长 L（mm）	宽 B（mm）	高 H（mm）
浴缸	1220 / 1520 / 1680	720	450
坐便器	750	350	
冲洗器	690	350	
盥洗盆	550	410	
淋浴器			2100
化妆台	1350	450	

图4-93　卫浴间的照明设计

图4-94　卫浴间的家具陈设

【点评】该案例（图4-93）的卫浴间保证白天有充足采光的同时，室内照明设计也充分考虑到住户夜间的使用需求，根据功能区的不同使用功能，设置相应合适的照明灯具。

【点评】 该案例（图 4-94）中卫浴间的设计为了打造一个在户外沐浴的空间氛围，采用一种开敞式的布局形式，运用成排的树木作为隔断。同时为了彰显生活品质，周围摆设了精致考究的若干装饰品、香薰蜡烛、抱枕等，让人充分享受沐浴的美好时光。

（5）设计一个温馨洁净的卫浴间不仅需要在颜色、照明、家具上进行把握，还可以在软装饰上下功夫，使冰冷的空间变得温暖亲切。如采用材质柔软、图案丰富的布艺窗帘或地毯来点缀局部空间，可为空间增色不少。另外，别致的壁灯或者小束的鲜花装饰也是不错的选择（图 4-95）。

【点评】 该案例是麓谷林语别墅样板房的卫浴间设计，精致花纹图案的布艺窗帘、现代的装饰画、清新可爱的绿植盆栽，这些精心布置的装饰让空间更为雅致温馨。

图 4-95 卫浴间的家具陈设

4.3 生活工作区

居住空间设计中不但要有休憩、放松身心的休息区，同时也要有工作区。空间中常见的工作区种类包括厨房、阳台、走廊、更衣室和楼梯 5 类。

4.3.1 厨房

拥有一个精心设计、装修合理的厨房会让业主变得轻松愉快。装修厨房首先要注重它的功能性。打造温馨舒适厨房，一要视觉干净清爽；二要有舒适方便的操作中心，橱柜要考虑到科学性和舒适性。灶台的高度，灶台和水池的距离，冰箱和灶台的距离，择菜、切菜、炒菜、熟菜都有各自的空间，橱柜要设计抽屉；三要有情趣，对于现代家庭来说，厨房不仅是烹饪的地方，更是家人交流的空间、休闲的舞台，工艺画、绿植等装饰品开始走进厨房，早餐台、吧台等成为打造休闲空间的好点子，做饭时可以交流一天的所见所闻，是晚餐前的一道风景。

1. 厨房的功能

厨房是居住空间中利用率最高，和生活密切相关的地方。厨房的功能布局是否合理、是否符合生活需求直接影响到生活质量。除了功能布局之外还要满足生活之需，多样的功能布局和不同的装饰风格，会直接体现在烹饪体验带来更多不同的乐趣，使原本枯燥乏味的烹饪任务转变成与家人和朋友一起享受美食制作体验的美好时光（图4-96）。

19世纪80～90年代，芝加哥学派的建筑师沙利文提出的"功能决定形式"的观点成为代表现代主义运动的重要口号。这个以功能为主导地位的设计观点在厨房的空间布局中同样适用，而对于当下求新立异的业主，设计师在装饰等环节上花费的心思同样必不可少，这部分内容将在厨房的设计中一一阐述（图4-97）。

图4-96　深色调的厨房

图4-97　灰色简约格调的厨房

【点评】厨房是整个工作空间中的"调味品"，图4-96所示的厨房整体采用了深色调，复古的墙面在黑色橱柜的映衬下散发出别具一格的韵味，木质的台面与白色的清洗池为空间增添一抹亮色，时尚清新。

【点评】该案例（图4-97）中厨房的设计采用了简约欧式风格的设计元素，小尺寸黑白相间的地砖，灰色格调的木质橱柜板，以灰白色为主的空间色调搭配，营造出一个简洁而又亲切的空间环境。

从使用需求出发——厨房布局。不同的使用和饮食习惯，决定了厨房布局。据统计一个家庭主妇平均每年在厨房度过的时间超过一个月，因此对厨房工作区的合理规划可以节省时间和精力，提高业主生活质量。设计师可以根据每个个案的不同，通过不同功能模块化组合，打造出属于每个使用者的专属厨房（图4-98）。

　　厨房操作三大项"洗、切、炒"，构成了工作区域的三角形活动范围，而这三者如何配合衔接成为厨房功能布局中至关重要的组成部分。工作三角区域可以分为烹饪区、清洗区和储藏区三大部分。根据功能的不同，又可分为以下 5 种功能分区。

　　（1）食品储藏区：主要家电容器为冰箱，以其为核心的区域为食物、米面粮油等食物的储藏区（图 4-99）。

图 4-98　木色调简约厨房　　　　　　　　　　　　图 4-99　食品储藏区

　　【点评】该案例（图 4-98）中厨房的设计采用了简约欧式风格的设计元素，黑白相间的地砖，木色格调的木质橱柜板，以米黄色为主的空间色调搭配，营造出一个舒适的工作空间环境。

　　【点评】厨房中的食物储藏功能是其一大特色，图 4-99 所示的食品储藏区设于抽屉之中，排列有序的矩形收纳盒为收藏更多种类的食品提供了便捷。

　　（2）厨具储藏区：餐具、杯具、烹饪小工具，保鲜盒可以集中储藏收纳（图 4-100 和图 4-101）。

　　（3）清洗区：水槽所在区域，水槽下方柜体多为安装存放净水器、厨宝（即热式热水器）、洗涤用品、垃圾桶等，不能作为食品储藏使用（图 4-102）。

　　（4）准备区：厨房的大部分烹饪前的准备工作需要在这里完成，比如切菜、备菜、摆盘、腌制等工作，在墙壁或台面上可以采取悬挂的方式放置常用工具，以便拿取（图 4-103）。

　　（5）烹饪区：灶台所在区域，如果空间允许，还能将烹饪器具如烤箱、微波炉、锅具收纳至此，是主要使用火的区域（图 4-104）。

图 4-100　厨具储藏区

图 4-101　厨具储藏区

【点评】该案例（图 4-100）中的厨具储藏区设置于厨房某橱柜中，其特色在于以立面抽屉的形式储藏厨具，既有利于餐具竖直摆放，达到去水效果，又能够起到节约空间的作用。

【点评】该案例（图 4-101）中的餐具储藏区设计精巧别具，把橱柜中拐角的两处抽屉连接在一起，设置了不同的餐具摆放区，扩大了空间的存储效率，使空间看起来井井有条。

图 4-102　清洗区

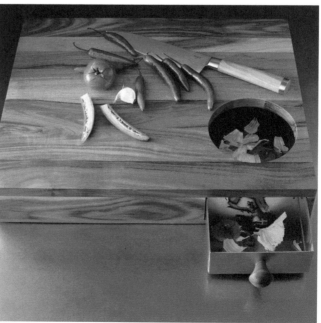

图 4-103　准备区

　　【点评】清洗区在居住空间中扮演的角色尤为重要，特别是厨房的清洗区，是生活必不可少的功能区域。图 4-102 所示的古铜色的水管在白色背景的映衬下熠熠生辉，从这一生活细节可见主人拥有较高的生活品位。

　　【点评】该案例（图 4-103）中切菜用的砧板设计新颖，木制的砧板质朴耐用，在右侧设计了一处圆形的漏洞，漏洞下面则是不锈钢的抽屉，用于存放废弃菜品，起到了清洁空间的功能。

图 4-104　厨房

　　【点评】该案例中厨房的设计简约大方，主要采用了白色的橱柜，加之绿色的吊顶橱柜，营造出了清新淡雅的视觉体验，而墙面和地面都采用了灰色的地砖，中和空间中的亮色，达到视觉上的平衡。

　　按照功能布局在平面图上的体现又可以总结出以下 6 种形态。①U 型。U 型厨房的动线较为合理，操作效率高，洗、切、炒可以轻松实现三角工作区域，多人共同操作时可以在两侧同时进行，互不打扰（图 4-105）。细节设计上则要注意两个直角处形成的"封闭"空间，需要加以巧妙设计利用，成为优秀的储物空间（图 4-106）。②岛型。因在布局时一侧工作台背靠墙体，而另一侧操作台平行布置于另一侧，两侧形成活动的空间，操作台与四周不相接，犹如一座四面环海的孤岛，故称为"岛型"，（图 4-107）。岛型布局在小空间中属于 I 型的加强版，仅次于 U 型厨房，厨房岛是备餐区的操作平台，也可以满足多人协作，如果厨房较小则可以利用中岛推车、吧台实现，常出现于欧美国家的开放式厨房中（图 4-108）。③G 型。它属于半开放型厨房的一种，和 U 型类似，能够合理地利用空间，提高工作效率（图 4-109），一般适合在较大的居住空间中设计，占地面积较大（图 4-1010）。④L 型。半开放厨房常见布局，拥有良好的采光和视野（图 4-111），但操作距离增加，可以使用厨房岛等可移动设备进行补充（图 4-112）；⑤I 型。常见于公寓，操作距离最长,合理利用墙壁挂件和吊柜,减少操作距离提高效率(图4-113)。I型布局的特点是厨房分区为视觉上的一整体(图4-114)。⑥Ⅱ型。非理想的厨房布局,尽可能将洗、切、炒安放在一侧(图4-115),减少操作时行走距离(图4-116)。

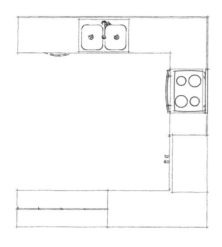

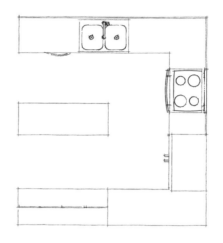

图4-105 U型厨房平面布局图　　　　　图4-106 岛型厨房平面布局图

图4-107 U型厨房实体效果图　　　　　图4-108 岛型厨房实体效果图

　　【点评】该案例(图4-107)中的厨房采用了象牙白的橱柜,加之木色地板,白色的墙面设计使空间看起来简洁大方,值得注意的是,抽油烟机也采用了与橱柜相同的色系,整体色调十分和谐统一。

　　【点评】该案例(图4-108)中厨房的设计沉稳典雅,暗色的实木橱柜与灰色的大理石台面形成鲜明对比又不显得突兀,黑白马赛克的地砖在墙面上仿佛形成一组美妙的乐谱,和谐中又具有律动的效果。

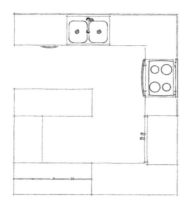

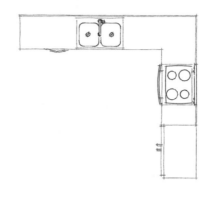

图 4-109　G 型厨房平面布局图　　　　　　图 4-110　L 型厨房平面布局图

图 4-111　G 型厨房实体效果图　　　　　图 4-112　L 型厨房实体效果图

【点评】该案例（图 4-111）中的厨房整体采用的色调既沉稳大方，又欢快明亮。橱柜采用了暗棕色的颜色，而墙面则是纯净的白色，色彩反差极大，绿植的加入为整个空间增添了一丝活力。

【点评】图 4-112 中白色的橱柜与墙面的色调相互一致，这样的色彩虽然让人感觉干净明亮，但未免显得太过单一，因而设计者在地面上使用了复杂的花纹，同时加入青色也丰富了空间中的色彩。

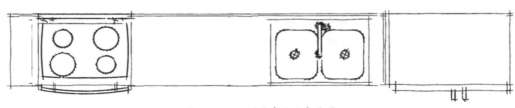

图 4-113　I 型厨房平面布局图

图 4-114　Ⅰ型厨房实体效果图

【点评】一字排开的白色橱柜使空间的使用率最大化，纯白色的餐桌椅，配以实木地板，使空间中透漏着质朴清新之美。

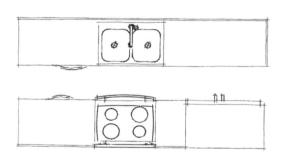

图 4-115　Ⅱ型厨房平面布局图

【点评】该案例（图 4-116）是开放式厨房的设计，原木色的餐桌设计精巧，一半配以餐凳，供居住者用餐，另一半设计成具有储物功能的橱柜，可见设计之精巧。

图 4-116　Ⅱ型厨房实体效果图

2. 厨房的设计

厨房的设计首先要注重它的功能性。拥有一个精心设计、装修合理的厨房会让生活变得轻松愉快起来。打造温馨舒适厨房，首先要讲究视觉上的干净清爽，因为它将成为烹制美食的空间，安全和健康是影响受众感官的第一要素；其次是要有舒适方便的操作中心，橱柜的尺度设计要结合人体工程学的科学性与舒适性（图 4-117），烹饪时灶台的高度、灶台和水池的距离、冰箱和灶台的距离都应有科学适度的把控，择菜、切菜、炒菜都有各自的活动空间，安置橱柜可增加收纳空间，方便日常食物和厨具的管理；再次是有生活品位和情趣。对于现代家居生活的体验，厨房不单单是烹饪的地方，更是一家人情感生活中交流、沟通、共同协助的空间，装饰画、绿植等装饰点亮厨房中的角落，早餐台、吧台等成为打造休闲空间的重要组成部分。

现代厨房从单一的使用场所变成一个多功能的甚至是舒适的房间，厨房与餐厅、客厅相衔接，传统的隔离墙被省略，作为居室中视觉美感的一部分，使用者对其美观整洁度的要求越来越高（图 4-118）。同时科技进步使厨房的科技含量越来越高，现代化电器的使用使人们的劳动变得轻松有趣。在如今高效率的社会环境中，人们每天奔波忙碌，也许一家人能真正坐在一起享受天伦之乐就是吃饭的时候，所以厨房也变得越来越温情，包含了更多的意义。厨房的设计合理性可以从以下 6 个角度衡量是否合理。

图 4-117　极简风格的厨房

图 4-118　红色调的厨房

【点评】该案例（图 4-117）中厨房的设计属于极简主义风格，采用大面积灰色。灰色的橱柜、家用电器以及灰色的墙面，整体色调十分和谐统一，木色地板的使用丰富了空间层次和色彩。

【点评】图 4-118 中厨房灶台的高度以及各个家用电器等的位置都应考虑到使用者的实际使用需求，把握合适的尺度。同时，设置一间开放式厨房，对保持厨房的整洁和条理提出了更高要求，采用在厨房中设置适量的橱柜抽屉，既方便收纳储物，也会让空间显得更为整洁宽敞。此外，大胆使用红色等鲜亮的颜色点缀空间，也让厨房更具现代感与时尚感。

（1）操作平台高度。在厨房里进行长时间烹饪工作时，操作平台的高度对防止疲劳和灵活转身起到决定性作用。当人体长时间地屈体向前 20° 时，腰部将产生极大的负荷，长此以往腰疼也就伴随而来。所以，设计师在处理时一定要按照使用者的身高来决定平台的高度。真正做到空间上的"量体裁衣"（图 4-119）。

（2）灯光设计。厨房照明设计需分成两个层次：一个层次是对整个厨房的全局照明，一般为天花安装嵌入式或吸顶式灯具，另一个层次是对洗涤、准备、操作平台的局部照明，能提高操作的安全性，也让烹饪时不再枯燥。一主一副，两者交替配合使用。后者一般在吊柜下部布置带状或点状灯光，设置随手可及的防水开关装置（图 4-120），另外性能良好的抽油烟机一般自带灯光照明，对烹饪时的补充也是足够了。无论选择何种类型灯具，光源色温控制在 3700 ~ 5000K，显色性为 60 或以上。柔和显色性好的光线，能提高安全性，降低视觉疲劳，也不会让花费不菲的厨具、电器显得毫无质感。色温、显色性知识可自行搜索，了解其对心理、安全、视觉疲劳等方面的影响。

图 4-119　白色调的厨房

图 4-120　光线极佳的厨房

【点评】白色调的厨房给人的感觉总是轻快明亮，在使用中也便于发现污垢并及时清洁。图 4-119 所示的厨房就是典型的白色调厨房，白色的橱柜与墙面是打造白色调厨房的主体。

【点评】该案例（图 4-120）中的厨房拥有较高的光线条件，原因在于一扇落地窗户给空间带来了通透的视觉效果，茶色橱柜的下方安装了照明，大大提高了操作台的安全性。各个界面的设计都采用了纯白色，配以茶色的橱柜玻璃镜和黑灰色地板，使空间更显开敞明亮。

（3）电器设备的布置。对于面积大小比较适中的厨房，可因每个人的不同需要，把冰箱、烤箱、微波炉、洗碗机等布置在厨柜中的适当位置，方便开启、使用。在较为简洁的设计中也可将电器在橱柜空间中隐蔽起来，同时也能在一定程度上防止油烟水渍对电器使用寿命的侵蚀（图 4-121）。

冰箱，常规冰箱深度小于 650mm，宽度小于 700mm，开门冰箱宽度为 900 ～ 1000mm，深度为 650 ～ 750mm。根据墙垛尺寸购买或对建筑做出修改，定制橱柜时要主动告知橱柜供应商已确定冰箱尺寸（图 4-122）。灶台，根据喜好和需要选购，在此不对集成和内嵌等类型灶台做评论。厨用热水器，厨宝类即热型热水器，须在所处位置（最好在水槽下方柜体内）预留插座；燃气类热水器在订购前应确定所处位置的尺寸，提前做好水路规划；其他补充类电器，可根据喜好和需要购买，即使现阶段电器少，但最好预留充足的插座，以备不时之需和升级使用。如有可能，在厨房选出 600 ～ 800mm 的区域放置层板架，把微波炉、电饭煲、压力锅、豆浆机、小烤箱、面包机、电水壶等电器统一收纳，方便使用。在墙壁后方预留 3 ～ 5 个插座。满足冰箱使用的插座，高度分为低位（完成面距插座中心 300mm）、高位 1000mm，前者更美观，后者拔插方便。台面基础插座，完成面距离插座中心 1000mm，防止溅水发生意外。可供台面上常备电器或临时使用，多在空闲台面附近，远离灶台和水槽；烟机插座，完成面距离插座中心 2000mm 或以上，水平面中心距为烟机中央（方便遮盖）；水槽下方插座，为净水器、厨宝、垃圾粉碎机预留 2 个或以上为佳；灶台下方为避免以后厨房升级，可预留低位插座；空闲区域，墙面预留至少 1 个低位插座；其他根据厨房已有规划功能或预留功能预留插座，厨房建议电路使用 4 平方或以上电线，配电箱带漏电保护器。

（4）储物空间的分配。一般厨房中的矮柜常采取推拉式，这样方便弯腰时取放，视觉效果也比较好。吊柜一般做成 30 ～ 40 cm 宽的多层格子，柜门做成对开，或者折叠拉门形式。吊柜与操作平台之间的间隙空间一般可以利用起来，易于放取一些烹饪中所需的用具，有时还可以作为简

图 4-121　色彩鲜艳的厨房

图 4-122　储藏空间丰富的厨房

【点评】该案例（图 4-121）中有黄色几何图案的储物柜是整个空间的视觉焦点，鲜明的黄色打破了棕色橱柜的沉闷色彩，同时也会增加用餐者的食欲。烤箱也恰到好处地隐藏在立式的橱柜中。

【点评】图 4-122 中的厨房看起来虽然面积甚小，但是储藏空间却十分丰富，设计者充分利用墙面设置多样化的储物空间，冰箱与操作台恰恰占据了厨房的一个墙面，极大地利用了空间的使用率。

易的卷帘门，避免小电器落灰尘，如食品加工机、烤面包机等。尽量使用抽屉或拉篮，减少地柜平开门的数量。抽屉可以轻松打开，内部物件一览无余，无需过度弯腰和下蹲操作，降低操作疲劳；吊柜尽量选择平移上翻门、平移上翻折叠门等五金，避免磕碰；按压自动或电动无拉手滑轨、铰链是新趋势，解放双手降低磕碰和划伤，合理规划内部储物划分，碗篮、调料篮可根据需要选择；墙壁挂件的使用上，常用勺铲可以悬挂在挂杆、挂钩上，常用调料可以使用墙壁调料架，宽大的橱柜拉手或墙壁挂杆可以凉挂洗碗布，桌面型滤水架、锅盖架是实用的小物件；水槽多安放在窗子下方，利用自然光清洗作业时最为合适。准备工作往往比烹饪耗时更长，所以时不时抬头看看窗外也会让烦琐的工作轻松不少，在心情上不会添堵，窗台地方虽不大，临时放些小物件也很实用。吊柜使用浅色柜门或磨砂玻璃柜门，可以产生较少的笨重感和压迫感，使厨房更通透。

（5）垃圾的收纳与防水。厨房里垃圾量较大，引起的气味也较大，收纳应放在易于方便倾倒又隐蔽的地方，比如洗漱池下的矮柜门上设一个垃圾筒，或者安置可推拉式的垃圾抽屉。这样在做到收纳垃圾的同时也能达到视觉上的整洁与美观。厨房虽然相比卫生间来说，明水很少溅在地上，但不代表厨房的墙地砖就能小视，天花的处理也并非只是好看就行。如果可以，墙地砖均应选用瓷质瓷砖，在吸水率、耐磨度、耐 UV、抗油污等方面远大于陶质砖或普通釉面砖。地砖需要有防滑处理，可以是通体凹凸处理或釉面防滑处理，勾缝尽量使用防霉耐水勾缝剂，避免渗入油污和污渍导致发霉变黑；墙砖的物理性能没有地砖要求高，台面以下区域可以使用铺贴砖，台面以上使用瓷质砖。为了方面清洁，避免使用"崩边"处理的墙面砖；天花处理现在多使用铝扣板天花（条形或方形）、PVC 扣板以及耐水石膏板天花。

（6）儿童的安全性考量。厨房里许多地方要考虑到防止孩子发生危险。如炉台上设置必要的护栏，防止锅碗落下，各种洗涤制品应放在矮柜下专门的柜子，尖刀等器具应摆在有安全开启的抽屉里。（图 4-123 ~ 图 4-127）是 5 副较好的厨房设计案例。

图 4-123　黑白色调的厨房

图 4-124　现代感十足的厨房

【点评】该案例（图 4-123）中的厨房使用了黑白色调，看似两个十分冲突的色彩，在设计师的手中，形成了韵味十足的功能空间，黑色的橱柜使白色的墙面显得更加干净明亮，灰色的地面平衡了二者的色彩。

【点评】该案例（图 4-124）中厨房的储物柜和储物架都采用了银灰色的金属，形成了现代感十足的空间感觉，白色的餐桌配以粉色的吊灯，以及起居室墙面粉色的使用，让空间充满无限柔情。

图 4-125　棕灰色调的厨房

图 4-126　厨房

【点评】该案例（图 4-125）中的厨房属于现代简约主义的设计风格，造型简单的矩形橱柜围合成烹洗区域，顶面无任何造型设计，保持了空间原有的韵味，棕灰色调使空间显得沉稳大气。

【点评】该案例（图 4-126）中的厨房采用了干净的白色调，整个空间的视觉焦点会集中在地面设计上，暗红色和白色相间的方形地砖打破了白色的单一性，赋予空间动感。

图 4-127　厨房

【点评】该案例（图 4-127）中的厨房使用了象牙色的橱柜，布满空间的各个区域，使居住者拥有极大的存储空间，墙面采用了复古质感的瓷砖，颜色偏灰，在空间中既具有装饰效果，又不显得那么突兀。

4.3.2 阳台

居住空间设计中阳台是室内外交界的重要组成空间，其尺度一般较小。现代居住设计中通常将阳台与清洗区结合，在阳台顶部空间悬挂洗好的衣物，所以阳台成为重要的生活工作区之一。与此同时阳台也离不开放松休闲的重要体验功能，一个设计精美的阳台是品尝一杯下午茶，与三五好友闲聊的良好空间。

1. 阳台的功能

阳台一般作为室内外空间的重要过渡空间，是休憩和收纳的宝贵空间。作为一个与自然接壤的空间，在设计和功能安排上要贴合适宜自然的体验（图4-128）。

居住空间设计中阳台的功能包括：洗衣、晒衣、贮物、堆放闲置物品，甚至加装窗户后另作他用。近几年，除了在每户的卧室或起居室有一个专供休闲、观景的生活阳台以外，还应有一个设在厨房旁边的服务阳台，以作为晒衣及其他家务杂用（图4-129）。

图4-128　软装和绿植布置下的阳台　　　　　图4-129　充满自然景观的阳台

【点评】该案例（图4-128）的阳台中布置了现代感十足的黑白条座椅，配以棕色的抱枕、深棕色地面，给人一种温馨舒适的感觉，再加上绿植的点缀，不禁让人想在这里驻足停留。

【点评】该案例（图4-129）中阳台的设计亮点在于设计者布置了多种自然景观，木制的地板给人返璞归真的感觉，石块和小石子的组合运用，为空间增添了无限的韵味，绿植在阳光的照射下充满生机，好一幅生机勃勃的画面。

有些玄关用的鞋柜或者储物柜，表面皮质或者带坐垫，柔软结实，也十分适合放在阳台搭成沙发位，底下还可以储物。一些没有地方放的储物柜都可以担此重任，既节约空间又兼具功能。

2. 阳台的设计

阳台作为室内外的过渡空间首先要做好的就是排水处理，避免雨水进入室内，阳台地面应低于室内楼层地面 30 ~ 60mm，向排水方向做 1% 的平缓斜坡，外缘设挡水边坎，将水集中引入雨水管后排出。简易的也有在阳台的一端或两端埋设镀锌钢管或塑料管直接向外排水，位于建筑最上层的阳台顶部应设有防雨顶盖（图 4-130）。

中国古代建筑设计中就设有供人休憩并观赏景色的"美人靠"，在现代居住空间设计中栏杆和扶手是组成阳台安全屏障的重要构件。为了安全起见，沿阳台外侧应设有栏杆或栏板，高约 1 米，这个尺度应高于成人腰部位置或儿童胸部高度。可用木材、砖、钢筋混凝土或金属等材料制成，加上精致的扶手，扶手要具备一定的稳定性和强度承受依靠的重量。

阳台地面与饰面材料，应具有抵抗大气和雨水侵蚀、防止污染的性能。砖和钢筋混凝土阳台面可抹灰，或铺贴缸砖、塑料板，或镶嵌大理石、金属板等。阳台底部外缘 80 ~ 100 mm 以内可用石灰砂浆抹灰，并加设滴水。木扶手应涂油漆防腐，金属配件应作防锈处理，这样便于建筑的长久使用（图 4-131）。

图 4-130　布置舒适沙发的阳台

图 4-131　清新绿色的阳台环境

【点评】该案例（图 4-130）中阳台空间虽然狭小，但也布置的十分温馨舒适，木质的地板上布置了灰色系的沙发和抱枕，再加上黑色的小茶几，黑色护栏上布满藤蔓，共同营造出精巧细致的休息空间。

【点评】绿色——如春的使者，撩起人们对美好生活的种种遐想，其生生不息的生命感让人获得额外的愉悦享受。图 4-131 所示的阳台中的空间布置有限，适合栽种攀藤或蔓生等小型观赏类盆栽植物。在阳台外侧装一个小铁架，可以错落有致地放置各种各样的盆栽和鲜花，阳台内侧和扶栏上可以种植牵牛花、长春藤等攀藤植物，当植物爬到墙上垂成一片，既装饰美化了墙面还可以在夏日的绿荫中遮阳乘凉。此时阳台成为独自读书、打盹或与三五好友午后小饮谈笑的轻松角落。

4.3.3 走廊

走廊是建筑中的过渡空间，在两个空间中起到连接的作用，通常为线性空间。所以其功能和设计应当综合考虑，体现形式服务于功能。

1. 走廊的功能

走廊是建筑物的水平交通空间。走廊主要具有引导流线、空间过渡的功能，其在设计上还可以增添观赏体验和储物等空间附属功能，这些特点则需要设计师的灵活运用（图 4-132）。

2. 走廊的设计

走廊的意思是有顶的过道，是建筑物的水平交通空间。走廊的设计大多采用增强空间纵深感的设计，一般采用线条与灯光的结合使空间的分割更加强烈。设在房屋内两排房间之间的叫内走廊；设在一排房间之外的叫外走廊。外走廊是用悬挑梁板构成的，又称为挑廊。当外走廊处于挑檐板或挑檐棚下时，又称为檐廊，它是多层楼房最顶层的挑廊或外走廊，是平房檐棚下的外走廊。

走廊的灯光设计上需要有一点讲究。居住空间设计中的走廊在灯光的设计上一般采用引导性的幽暗灯光，不宜过于明亮，这样在幽暗狭长的空间走到一个豁然开朗、阳光明媚的客厅给人一种"别有洞天"的变换体验（图 4-133 和图 4-134）。

图 4-132　作为交通流线的走廊

【点评】走廊是居住空间中重要的交通流线，图 4-132 所示的走廊设计简约大气，木饰墙面上挂了一系列装饰画，充满韵味，灯光照明采用了极其常见的筒灯，不会让人感到眼睛不适。

图 4-133　走廊的灯光设计　　　　　　　　图 4-134　走廊的不规则灯光设计

【点评】走廊灯光的设计应该避免强光，图 4-133 所示的走廊地面采用了矩形铺装图案，天花是整个走廊的一大亮点，吊顶上冰裂的图案中透漏着点点星光，散落在经过的人身上，犹如进入了另一个世界一般，充满无限的魅力。

【点评】该案例（图 4-134）对走廊的灯光设计充满艺术感，打破了原有的透视规律，形成了视觉上神奇的空间体验，线性的灯光仿佛把游览者带入了另一个奇特的空间。

4.3.4 更衣室

更衣室的功能一般为储存收纳衣物，为主人更衣时提供必要的安全私密性空间与适当的照明，通常与化妆间混合为综合生活体。在当下追求时尚和个性的社会，其设计也应当随不同的主人有所区别对待。

1. 更衣室的功能

更衣室主要应具备储物、收纳衣物的功能，一个安排合理的更衣室应有足够的空间用来整理与分类不同季节所需的衣物。竖向的、较狭长的空间适合悬挂大衣，横向、抽屉分割出的空间适合摆放衬衫、T 恤等小型衣物。如果在空间足够的前提下，各类衣物应当有妥善分类的空间储存，摆放顺序也可按照人体的比例来安排，如帽子放置在最高的空间，衣物处于柜子的中间，鞋子放置在最低点（图 4-135）。

更衣是试衣的过程，更衣室是提供试衣环境的体验空间。从体验的角度来说，其中的便捷性十分重要，倘若主人有重要的会议安排，需要在短时间内选择合适的衣物，如何做到高效、便捷，衣物摆放一目了然，服装搭配应运而生则是对整个更衣室功能的考量。设计师必须了解主人的使用习惯和存衣数量，合理的安排空间的使用，局部空间中不宜过满或过于松散，恰到好处的安排会使整个空间体验更加赏心悦目（图4-136）。

图 4-135　充满格调的更衣间设计　　　　　　　　　图 4-136　奢华典雅的女性更衣间设计

【点评】该案例（图4-135）的更衣间设计沉稳大气，家具和地板采用了厚重的棕色系，配以亮色的吊顶，色彩对比十分鲜明，灰色的地毯起到了很好的中和色彩的作用，给人一种柔和舒适的感觉。

【点评】该案例（图4-136）是楼顶的更衣室设计，设计恰到好处地利用了斜面屋顶的空间，将鞋柜布置在左侧，挂衣架悬挂在右侧采光窗下，充分地利用了来自户外的自然光，节约了室内的照明，且光线更加柔和自然真实。屋顶采用带有反光效果的精美图案壁纸，古典辉煌的试衣镜和金属光泽的软装沙发抱枕相得益彰，整个空间氛围奢华典雅、大气高贵，适合成功职业女性使用。

2. 更衣室的设计

更衣室越来越成为现代家居生活中不可分割的部分。其设计应该给人以温暖、舒适与安全的感受，需要较为封闭和私密的空间格局，这样才更加方便于衣物更换时心理的安全体验（图4-137）。同时在照明设计上也应有适当的安排，光线也是在更衣室设计时所考虑的问题之一，为使衣服的颜色接近正常，方便主人选择，宜在衣帽间设置显色性较好的光源，选择柔和舒适的光线。配合悬挂在墙面的试衣镜会使空间具备更强的纵深感，这里还涉及设计心理学的问题，当试镜者面对一个竖长的镜面时会使人看起来更加精神并具有显瘦的效果，这样可以在一定程度上增强主人的自信心，使更衣的体验更加舒心愉悦。

　　不同男女主人的更衣室在色彩设计上偏向性一般带有性别属性，例如男性的衣物普遍为黑灰等色系，其空间储物柜的设计通常采用同色系或原木棕色系保证视觉上的和谐与平衡（图4-138），女性的衣物颜色与男性相比较更加丰富，衣柜的色彩更加适宜颜色较淡雅的白色系或浅木色系，作为一种低调的陪衬存在，有突出衣物华丽与明亮的效果，当然，对于现代职业女性来说，符合其职业特点的冷灰色系的空间也是合理存在的。这点因人而异，设计师则要提出相对合理的配色建议和选择，达到品味上的高雅和协调皆适宜（图4-139）。

图 4-137　时尚可爱的女性更衣间设计

　　【点评】该案例是一处年轻女性更衣室设计，整个更衣空间充满了可爱的气息，装饰也以粉紫色系的配饰为主，与女性衣物的一般主色调相呼应，衣柜设计变化丰富，有应对不同季节衣物的尺度设计，也有对应不同衣物分类的格子和抽屉，更让人易于整理和归纳不同类型但数量较多的衣物。

图 4-138　职业男性更衣间设计

图 4-139　冷色系更衣间设计

【点评】该案例（图 4-138）中男性的更衣间设计简约大气，黑色的大理石墙面透着男性的阳刚挺拔之美，分割有序的衣物悬挂区在重点灯光的照耀下散发无限的韵味，让人感觉到居住者必定是一位十分讲究的男性。

【点评】该案例（图 4-139）中更衣间的设计整体采用了冷色系，图中白色的墙面使空间显得干净明亮，衣物不仅摆放有序，还根据不同的颜色分类悬挂，可见主人十分注重生活细节。

一个标准的 3 平米更衣室。存放衣物的柜子宽度为 600mm，采用中间走道两边衣橱的布局，可以简单计算得到室内有效的最小宽度大约为 1.8m。在这里 600mm 的走道仅能容纳人站立走动，想要在里面换衣服基本是不可行的。我们首先应在家中找到一个适合的空间。（步入式）更衣室的位置应该尽量选择密闭性好，远离卫生间和厨房的空间为佳，比如说在门厅的角落或者卧室内甚至可以单独腾出一个房间。一般情况下步入式更衣室的设计当然是越大越好，但是它也不是因大而设，根据房间的具体情况可大可小，面积最好不要低于 3m²，宽度不低于 1.5m，选择好位置后该如何构造其内部空间呢？更衣室的形式一般有 3 种类型供选择，如果房间是规则的，呈正方形的话，可设计为 U 型的柜体（图 4-140），它可以充分利用转角空间；如果房间呈宽长形，在深度上不是非常充足的情况下以 L 型的柜体设计为佳，可有效地利用它的宽度；如果房间是深长形的话，还是以二列平行式的柜体设计为好，它在空间上不浪费一点儿面积。

图 4-140　布局合理的更衣室设计

【点评】该案例中更衣室的设计大气磅礴，沿着墙面设置了棕色的实木家具和储物架，提高了空间的使用效率，地面和顶面都没有做过多的处理，一进来人们的视觉焦点必定落在各类衣物上。

步入式更衣室一般由上、中、下 3 个层次构成（图 4-141），上层衣帽间的最上方可留出较大的隔层空间，用来收纳皮箱和换季的寝具以及平时不常用的尺寸较大的物品。更衣室的中层空间可以放置西装、大衣、外套等，尽可能多地预留出挂衣空间，并根据衣服的长短分上下横杆吊挂。同时可以选择旋转衣架，充分利用转角的空间达到最大量收藏衣物的效果。下层衣帽间的下方设计空间很大，如果设计时用抽拉板或隔板分类存放叠起来的毛织衣物和 T 恤衫则可使叠放的衣物井井有条。最后将贴身的内衣和袜子收放在抽屉柜内，需要提醒的是设计抽屉柜时最好考虑设计在门口处，这样的话取物会非常方便。衣帽间柜体各部分的设计要点如下。

图 4-141　光线柔和的更衣室设计

【点评】该案例中更衣室的设计没有采用直接照明的方式，柔和的灯光营造出舒适安全的更衣环境，层次丰富的储物空间，满足居住者各种储物需求。柜体上中下合理的设计让使用者一目了然。

（1）叠放区

衬板：满足了各种不同款型衬衫存放的需要。将男士的衬衣放在带滑轨的推拉衬板中，搭配时一目了然，清晰方便。

普通抽屉：例如斜裁布上衣、比较重的手工缀珠服饰、针织毛衣，最好以折叠方式收藏，折痕越少越好。若折叠的衣物怕产生皱纹，可以在折叠时放进薄棉纸，或将卷筒放在折痕处，这样有助于减少褶皱。

四边拉篮：为了提高衣帽间的容积，在有限的空间存放更多的物品，可以选择带滑轨的四边拉篮。金属框架透气设计，适合存放纯毛料不易褶皱的衣服，不容易发霉、虫蛀。

旋转拉篮：旋转衣架挂衣量是传统衣架的三倍，随手转动，即使挂在最里面的衣物，也能通过旋转呈现在面前。拉篮中特有的分隔器可以根据你的需要把衣篮内部再隔开，利用小区域分类摆放配饰。

（2）悬挂区

普通衣杆：衣帽间的挂衣区要宽敞，每一件吊挂的衣物都要保持适当的距离，不要拥挤在一块儿。丝质、纯皮、麂皮等面料的裤子、裙子在用衣夹吊挂时，夹子与衣服之间要垫一层纸，以免产生难看的夹痕。

挂杆：带滑轨的金属挂杆是衣帽间的一大特色，阻尼静音设计的滑轨，抽拉更加顺滑，还不会划伤衣物，很适合挂放高级丝巾、领带、围巾、披肩等配饰。

挂裤架：位于旋转衣篮中的挂裤架，采用防滑处理，裤子不会在推拉过程中轻易滑落。同时挂杆的粗细经过精确地计算，时间长了也不用担心裤子上会出现挂痕。

领带架：出席商务活动，领带是当之无愧的亮点。衣帽间中专门为领带设计的领带架，斜角度的设计更加方便领带的展示与挑选。

（3）杂物区

收纳盒：对于一些小件的零星物品，可以用麻质储物篮、精美的纸盒来收纳，转角空间打造的衣柜可以放置一些比较大的杂物箱，或者放置常用的箱包，让转角可以合理地被利用。

脏衣收纳篮：为了不将待洗衣服与干净衣服混在一起，棉质的洗衣袋连同金属篮架摆放在衣帽间中，底部带滑轮的设计，很方便收纳脏衣服。

侧拉鞋架：侧拉鞋架能有效地利用面积存放。皮质的鞋子比较昂贵，要做好保养工作。在摆放鞋子之前，要先洗净鞋底，并用鞋楦或纸团撑起放在该区域中。

分格抽屉：丝质的睡衣是最不容易码放整齐的，而且女性的内衣都怕挤压，专设的内衣抽屉平放衣物，可以很好地解决这个问题。

4.3.5 楼梯

楼梯是居住空间设计中的小建筑，它体量相对较小，结构形式相对简单，这些因素对楼梯造型的限制相对较小。设计师在创作中可以把楼梯当成一种空间的装饰品来设计，可以在满足其功能的情况下超越纯功能，充分发挥自己的想象力，达到功能与美的结合。

1. 楼梯的功能

楼梯的功能主要为串联上下两个不同水平面的建筑空间，起到过渡和引导的作用。在进行楼梯设计时，必须考虑楼梯本身及其周围空间的关系，即楼梯"内与外"的两个因素。内部是指楼梯本身的结构及构造方式，材料的选择、楼梯踏步及栏杆扶手的处理；而外部是指其周围空间的特征。只有两者统一考虑，才能使它们完美结合（图4-142）。作为连接上下空间的纽带，楼梯是主要的空间路径，在LOFT户型中常被使用。从功能上讲，楼梯作为垂直交通的工具，将层与层之间的空间紧密地联系在一起，除了满足实用功能之外，还应该把它作为一件艺术品来设计。同时楼梯可以作为引领人群游览与体验空间的重要方式和途径（图4-143）。

图 4-142　充满设计感的楼梯设计

图 4-143　色彩点亮楼梯

【点评】该案例（图 4-142）中楼梯的设计采用了金属和木质踏板相结合的方式，暗色的金属支架横竖摆列，像是一道道线谱，营造了现代感十足的空间。

【点评】该案例（图 4-143）中楼梯用了一些相近的渐变色使上楼梯的过程也变得丰富有趣起来。可见在设计时对楼梯的立面加以处理也会增加意想不到的童趣效果。

2. 楼梯的设计

楼梯本身的设计，则需要考虑 7 个方面因素：①踏步的斜度；②楼梯的踏板和立板的高度、宽度；③楼梯的宽度及扶手的高度；④栏杆之间的间距及楼梯的部件；⑤楼梯与房间的高度差；⑥消防疏散安全；⑦噪声问题。

楼梯的设计在尺度上是一场与人体工程学的精确较量。（图 4-144）楼梯在建筑物中作为楼层间交通用的构件。由连续梯级的梯段、平台和围护结构等组成。楼梯的关键性尺寸主要包括两个方面，一个是开口大小，选择楼梯的大小，踏板宽度和楼梯的造型等；另一个是楼层高度，选择楼梯的踏步间距的缓急，影响到使用者上下楼的舒适度。

在住宅设计规范中，楼梯的数量、位置和楼梯间形式应满足使用方便和安全疏散的要求。楼梯平台上部及下部过道处的净高不应小于 2m。梯段净高不应小于 2.20m。楼梯的梯段净宽不应小于 1.10m。

楼梯的防潮是楼梯保养的重要环节，无论是木楼梯还是金属楼梯，踏板、扶手、配件等位置都需要做好防潮保护。如果没有做好防潮工作，不仅木料容易发生霉变，金属配件也会出现生锈的情况，从而影响楼梯的整体结构与功能（图4-145）。

图 4-144　体块感强烈的现代楼梯　　　　　　图 4-145　线条感强烈的现代楼梯

【点评】该案例（图4-144）中楼梯以两种不同尺度的交替变换使空间变得格外丰富起来，楼梯下的空间也成为陈设品很好的摆放处，同时下层楼梯体块的厚重与二层楼梯的轻巧感形成鲜明对比，使使用者有步步高升的体验感。

【点评】该案例（图4-145）中楼梯设计的亮点在于踏板两边没有扶手，但是设计了错综复杂的线性墙面，以保障人们的安全，蓝色的楼梯加上各种蓝色线条，好似一幅现代感十足的绘画作品。

楼梯的设计在造型上可以成为空间中一个瞩目的视觉焦点。成为现代住宅中复式、错层、别墅以及多楼层的垂直交通连接工具。但在当今居家装饰风格越来越受人们重视的同时，楼梯也成为许多设计师笔下画龙点睛之处。时尚、精致、典雅、气派的楼梯已不再是单纯的连接上下空间的交通工具了，它融洽了家居的血脉，成为家居装潢中一道亮丽的风景点，也成为家居中一件灵动的艺术品（图4-146）。

在设计楼梯时一般是以下面这些数据做为参考。楼梯的坡度应该为 23°～ 45°，30° 为适宜坡度。当坡度超过 45° 时，应该设置爬梯；当坡度小于 23° 时，应该设置坡道。下面是楼梯的坡度范围示意图（图 4-147）。

图 4-146　楼梯

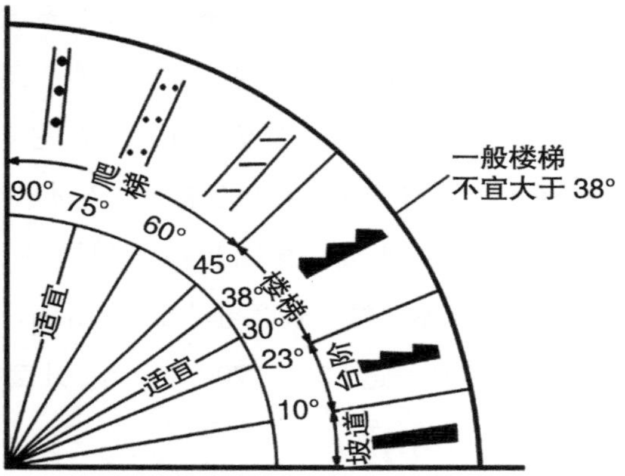

图 4-147　楼梯的坡度示意图

【点评】该案例（图 4-146）的楼梯属于旋转型楼梯，设计的亮点在于采用了木板制成的楼梯曲面，与踏板处的几何图案形成鲜明的对比，造型语言极其丰富。

一级楼梯有踏面和踢面两部分。踏面就是我们平时脚踩的平面，其宽度不应小于成年人的脚长，一般为 250～320mm。踢面就是竖直的立面，高度一般为 140～180mm。下面是常见的民用建筑楼梯的适宜踏步尺寸（表六）。

表六　常见的民用建筑楼梯的适宜踏步尺寸

名称	住宅	学校、办公楼	剧院、食堂	医院	幼儿园
踢面高 r（mm）	156～175	140～160	120～150	150	120～150
踏面高 g（mm）	250～300	280～340	300～350	300	260～300

另外，踏面越宽人踩在上面越舒适，所以在不增加楼梯坡度的情况下会采取一些增加踏面宽度的措施，如图 4-148 所示。

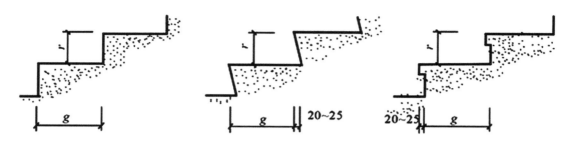

图 4-148　增加踏面宽度的措施

生活中经常有人好奇为什么有的楼梯要像第三种楼梯那样在边缘突出一部分就是这个原因。

除此之外还要考虑楼梯段的宽度和平台宽度。楼梯段的宽度是指楼梯段临空侧扶手中心线到另一侧墙面（或靠墙扶手中心线）之间的水平距离。这个数字应根据楼梯的设计人流股数、防火要求及建筑物的使用性质等因素确定。平台宽度是指为了保证通行顺畅和搬运家具设备的方便，楼梯平台的宽度应不小于楼梯段的宽度（图 4-149）。

最后还有扶手高度，指踏步前缘到扶手顶面的垂直距离。一般建筑物楼梯扶手高度为 900mm；平台上水平扶手长度超过 500mm 时，其高度不应小于 1000mm；幼托建筑的扶手高度不能降低，可增加一道 600 ～ 700mm 高的儿童扶手（图 4-150）。

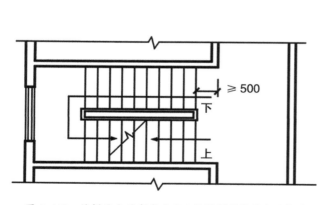

图 4-149　楼梯平台的宽度应不小于楼梯段的宽度示意图

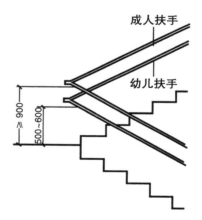

图 4-150　儿童与成人扶手示意图

至于楼梯的各种形式，如单跑、双跑、平行、双分式之类，其实一个楼梯只要符合了这些标准，有一定的审美价值并为空间增添了品质和趣味，那么这个楼梯对大多数人来说已经是最"舒适"的了（当然对于残障人士还需要进行无障碍设施和坡道设计）。

楼梯装修事关安全主要是牢固、栏杆和防滑，国家《民用建筑设计通则》等条文中对楼梯栏杆高度、密度等都有极为详细的要求，一般栏杆高度为 900 ～ 1000mm，栏杆密度为 110mm，小于小孩脑袋的直径（图 4-151）。

　　楼梯梯段的宽度要合适，一般梯段都是按照每股人流为 0.55+(0 ～ 0.15)m 来计算的，若要满足两股人流同时上下，梯段的宽度应为 1.1 ～ 1.4m，楼梯间的宽度（梯井宽 0.1m，栏杆扶手保留 0.1m 的余地）就应为 2.4 ～ 3.0m。

　　另外连续踏步不应超过 18 步。现在人们对生活质量要求越来越高，楼梯的设计也不只是尺寸上合理即可。很多项目都要求带有景观的楼梯，特别是开敞空间，楼梯两侧种植一些植物，楼梯构架轻灵，栏杆通透，都可以让人上下楼梯时感觉不是那么单调和劳累。毕竟对不同人、不同情况、不同使用要求来说下楼梯都是有不同的标准的，比如正常人和残障人士、工业用楼梯和住宅用楼梯，都是不一样的。另外，现在楼梯在建筑设计中除了维持以前的联系上下交通以外，功能已经得到很大的扩展，增加了空间组织、空间尺度、景观等功能。此外，还产生审美、精神意义等艺术内涵。所以要评价一个楼梯是否最"舒服"，这些层面的问题也要考虑（图 4-152）。

图 4-151　浅色系的楼梯设计　　　　　　　　　图 4-152　配有儿童滑梯的楼梯

　　【点评】该案例（图 4-151）的楼梯设计整体采用了白色和木色相结合的颜色，白色的扶手配以木色的地板，凹凸有致的墙面设计，打造了简洁明快的居住环境。

　　【点评】该案例（图 4-152）的楼梯设计的亮点在于配带了儿童滑梯，有孩子的家庭把楼梯设计成如此赋有童趣的空间，一定受到孩子们的喜爱，即使下雨下雪也无妨，在家中也能尽情地游戏。

从装修设计的角度来谈，"楼梯"作为室内空间连接的"交通工具"，起到很重要的装饰性作用。可以带给室内动态和活力。楼梯的设计有很多种，从材料到形式，这都需要结合室内设计的整体风格来进行设计，使楼梯与室内融为一体也不显突兀，不会给人造成压抑的感觉，起到"画龙点睛"的作用。在做楼梯的设计时，首要考虑的是安全性，从楼梯的扶手、栏杆、踏板以及高度、宽度、深度，还有防滑、防火、使用材料的质量等来考虑。其次需要考虑楼梯位置的采光，自然光线与照明的结合运用。最后，设计中要注意室内空间的大小与楼梯的位置安排，它可以增大和缩小空间的视觉大小，若处理不当会严重破坏室内整体的设计效果。尽量不浪费室内空间，在不破坏美观的情况下有效地利用楼梯做储存或装置空间。

复习与思考

1. 思考居住空间的区域分为几种类型？具体包括哪些功能区？

2. 不同的功能分区有哪些功能？

3. 在设计中，不同的功能区对应哪些设计要素和细节？

课堂实训

在居住空间中选择自己感兴趣的区域，从顶面、立面、地面、灯光、色彩以及家具等方面着手进行设计，体会其中的设计原则和方法。

第 5 章

居住空间类型及
设计要点

学习要点及目标

● 认识和熟悉各种居住空间类型，了解不同类型居住空间的特点；

● 把握各居住空间类型的优缺点，从而掌握不同类型居住空间的设计要点；

● 认识重要的楼梯样式，了解楼梯设计的注意要点。

核心概念

复式居住空间 跃层居住空间 错层居住空间 LOFT 式居住空间

引导案例

图 5-1 ~ 图 5-3 所示是一套 158m² 复式四居的居住空间设计案例，空间采用的是古朴典雅的泰式设计风格，整个空间的装修内敛大气，人性化的布置更体现出一种亲和力。设计师采用对称式的布局方式，格调高雅，造型简朴优美，色彩浓重成熟。而起居室的下沉设计，增加了层高，空间更为开敞明亮，另外也会让空间格局更有层次。为了解决处于楼梯下方的走廊与餐厅采光较差的问题，设计师采用了大面积的玻璃作为隔断，使走廊空间更为通透明亮，同时也增加了照明灯具，满足户主的日常照明需要。

图 5-1 起居室

【案例点评】该案例中起居室的装修凸显出浓郁的泰式风情，木质天花、独具异域特色的吊灯、竹制的电视背景墙、精致的古玩装饰物和灯饰，以及家具陈设对称的摆放格局，使整个空间都凸显出浓厚的文化底蕴。

图 5-2　起居室与楼梯间过渡区设计　　　　　　　　　　　　图 5-3　餐厅

　　【点评】起居室（图 5-2）中与楼梯间的转角处，几株绿植、实木的象型板凳、藤条编织装饰物成为空间中的点睛之笔。而竹片拼接铺满了整片墙面，居中摆放的石质佛像使整个空间多了一丝禅意与神秘。此外，楼梯处采用了典型的泰式木棱隔断，增加了空间层次感。

　　【点评】该案例（图 5-3）的餐厅处于一个较为闭塞区域内，层高较矮，采光略有不足。所以在照明上运用了亮度较高的灯具，四周分布数个嵌入式筒灯，整个餐厅的照明系统布置主次分明，以暖光源为主，既充分满足了户主用餐时的照明需求，也烘托了用餐环境。

　　随着现代社会的不断发展进步，生活水平逐渐提高和生活环境日益改善。以往单一形式的居住空间类型早已不能满足具有不同经济实力的人群的需求，居住空间的户型开始呈现出多元化的发展趋势。

　　居住空间的户型分类，从房型上可划分为：单元式住宅、公寓式住宅、复式住宅、跃层式住宅、错层式住宅、花园洋房式住宅（别墅）、小户型住宅等。

　　现如今，为了满足追求时尚的年轻一代的购房需求，市面上出现了多种新式住宅户型供人们选择，如复式住宅、跃层式住宅、错层式住宅、LOFT 住宅等，这些区别于以往单一样式的单元式住宅的住宅类型，空间格局往往更为灵活多变、更具层次而深受年轻人的追捧（图 5-4）。然而，人们常常无法清楚地区分这几种新式住宅类型，为了更好地帮助大家理解这些户型的不同特点，下面将就复式住宅、跃层式住宅、错层式住宅和 LOFT 住宅的特点、优缺点等进行详细介绍，并对各户型的设计要点进行分析讲解。

图 5-4　跃层式住宅

【点评】该案例是棠湖柏林城样板间的居住空间设计，这是一个跃层式住宅。起居室、餐厅、厨房位于一层。另外，为了更好地展现空间层次和区分功能区，设计师在一层空间设置了错落高差的平面格局，将起居室与餐厅、厨房区域区分开来。

5.1 复式住宅

复式住宅是受到跃层式住宅的设计启发而来的，是由香港建筑设计师李鸿仁创造出的一种经济型住宅样式，类似于以往的"阁楼"（图5-5）。复式住宅在建造中仍是每户占有上下两层，实际上就是在较高的楼层上增加一个1.2m左右的夹层。所以复式住宅内两层层高的总和是大大低于跃层式住宅的层高的，一般来说，复式住宅的层高为3.3m左右（图5-6），而跃层式住宅层高为5.6m左右。复式住宅隔出来的夹层空间可作为卧室、书房或储藏室，也可作为静态空间供主人休息和储物。下层空间可划分出起居室、厨房、卫浴间等，作为动态空间供主人日常活动起居等，两层用楼梯来联系上下。

设计复式住宅的主要目的是在房内限定的面积中扩充使用面积，以此来提高住宅的空间使用率。所以通常在设计上，一层的房高为正常高度，位于中间的楼板也就是上层的地板，上层会设置为1.2米的层高，因为层高的限制，人是无法直立的，只可坐起，所以床面不可设置过高。

这类复式住宅户型的优点主要体现在经济性上，是一种省事、省钱、省料的住宅户型。首先是空间平面利用率高，布局紧凑，通过增加夹层，会使空间可供使用的面积增加50%～70%。其次，复式住宅内的隔层一般都是木结构，易于与室内家具、隔断、装饰融为一体，可依势设置墙内壁柜和楼梯，以此节约建造成本（图5-7）。另外，复式住宅的设计有利于空间的动静分区，保证了位于二层的卧室、书房的安静、隐蔽性（图5-8）。

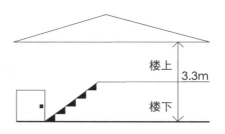

图 5-5　复式住宅的阁楼　　　　　　　　　　图 5-6　复式住宅层高示意

【点评】　该案例（图 5-5）是一间复式住宅中二层阁楼的设计，由于阁楼空间狭窄，阁楼是作为私人休闲空间来装修设计的，隐秘性较强。位于墙角一侧的床面受层高的限制而设置得十分低矮，人在床上只能坐起，无法直立，活动受到些许限制。但由于阁楼上窗户的设置，让空间拥有十分充足的采光，节省了日常用电量。

图 5-7　复式住宅　　　　　　　　　　　　　图 5-8　复式住宅中的书房

157

【点评】图5-7所示的复式住宅中，楼梯下方的空间可依势设置壁柜、储物柜等，既可以节约建造成本，也能充分利用空间面积。

【点评】图5-8所示的复式住宅中，由于二层空间较为隐秘安静，所以住宅空间的设计也十分明确地进行了动静分区布置。设置在二层的书房空间，不仅能让安静舒适的阅读氛围得到充分保证，老虎窗的设置也保证了空间的自然采光。另外，以白色为主的空间色调添加上木质家具、木质地板、草编装饰物等，让空间环境更具亲和力、更加温馨。

此外，复式住宅也存在一些有待改进的地方。首先，由于复式住宅的层高有限，往往会让人有压抑闭塞感，而且虽然上层空间面积较大，但因为层高较矮，利用起来也很不方便（图5-9）。其次，两层空间的划分会使空间的采光与通风都受到限制，空间环境会因此受到影响而变得较为阴暗潮湿。其次，如果采用木质结构的隔层，则隔声、防火的性能差，且不能保证上层空间的私密性（图5-10）。另外，如果家中有老人小孩，上下楼对他们也造成不便。

图5-9　复式住宅中的卫浴间　　　　　　图5-10　复式住宅的书房设计

【点评】图5-9中复式住宅二层由于层高较矮，采光会受到限制，所以空间较为压抑闭塞，因此，该卫浴间的设计依据实际情况进行了调整，门高有所降低且依势进行了斜切处理。空间以白色为主，白色墙砖、墙面和黑白格的地砖，点缀上黑白的时尚装饰画以及亮色的花瓶花朵。让卫浴间环境更为明亮通透。

【点评】该案例（图5-10）是保利十二橡树私人复式别墅中的书房设计，一侧书柜下方采用木质扶手作为隔断。虽然这样的设计会使书房空间更为通透，采光通风更充分，但空间隔声与防火性能较差，且空间的私密性也得不到保证。

虽然，复式住宅有些许缺点，但随着应用的不断广泛，这些问题也随之得到解决和改善，如果木质隔层被新型的合成材料所替代，既隔音又防火的同时成本也随之降低。由于经济实用的特点，这类精巧的复式住宅模式，逐渐成为了房地产市场的热销产品。然而，随着人们生活水平的提高，一种新型的、更高档的复式住宅形式出现并更受欢迎，这种复式住宅更类似于别墅，上下两层为标准层高，客厅的空间贯通两层更为豪华大气，加上二层可以俯视一层的设计，使空间格局更为通透（图 5-11 ~ 图 5-14）。

图 5-11　复式别墅的客厅设计

图 5-12　复式别墅的会客室设计

【点评】该案例（图 5-11）中复式别墅的客厅是贯通两层的中空设计，二层可俯视一层的客厅。大面积的玻璃窗户、大型的吊灯以及石板铺置的大面积背景墙装饰让此客厅不仅通透明亮而且高雅大气。客厅中央的木质家具、布艺坐垫、抱枕以及瓷器灯具的搭配营造出清新、自然、朴实的田园气息。

【点评】该案例（图 5-12）中复式别墅的二层因为空间面积富裕，设置了会客室和品酒台，给主客之间的交流沟通提供了安静舒适、轻松休闲的空间环境。另外，空间中大面积使用木质装饰，如木质天花、木质背景墙、木质地板以及木制家具等，让这片会客区域大气稳重、高雅素朴。

图 5-13　复式别墅的书房

图 5-14　复式别墅的卧室设计

【点评】图 5-13 中复式别墅的书房受层高限制的影响，空间较为阴暗压抑，所以在照明设计上应多加考虑，可采用台灯或落地灯等局部照明的方式，以柔和的暖光源给主人营造舒适的阅读环境。

【点评】该案例（图 5-14）中复式别墅的卧室位于二层，采光较为充足，设计风格与别墅整体的田园风格相协调，同时加入了一丝传统中式风格元素，独具匠心。空间装饰材料以木质为主，搭配清新雅致的布艺装饰，浅淡的色调与温和的照明，让卧室环境更为温馨舒适。

在复式住宅的设计上，应注意 4 点：① 当住宅整体层高大于等于 5m 时，上层空间层高应大于等于 2.1m（图 5-15）；② 当第二层空间只作为贮藏物品的用途时，层高最好不低于 60cm（图 5-16）；③ 对于楼梯的选择上，大型的复式住宅可选用弧梯，大气美观，而折梯和旋转梯因占地面积少则适合大多数复式住宅空间（图 5-17）；④ 对于二层空间是较陡的坡屋顶，可考虑开扇老虎窗（图 5-18）。

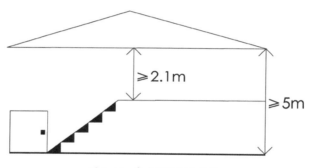

图 5-15　复式住宅设计要点

【点评】当住宅整体层高大于等于 5m 时，上层空间层高应大于等于 2.1m。

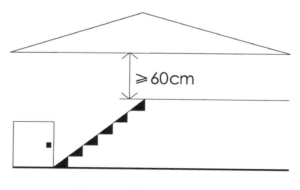

图 5-16　复式住宅设计要点

【点评】当第二层空间只作为贮藏物品的用途时，层高最好不低于 60cm。

图 5-17　复式住宅中的旋梯　　　　　　　　　　图 5-18　复式住宅设置老虎窗

【点评】图 5-17 所示的复式住宅中采用旋梯可节省不少空间面积，但老人与儿童使用安全性不高。

【点评】该案例（图 5-18）中复式住宅的二层位于大楼顶层，且为斜坡屋顶，空间结构较为低矮闭塞，所以增加了两扇老虎窗来增加屋内采光并保持通风，使潮湿阴暗的环境得到改善。

5.2 跃层式住宅

跃层式住宅是这些年逐渐流行起来的一种新颖的户型模式，通常来说就是两个标准层的叠加，并在户内建立独立的楼梯连接上下的户型模式（图 5-19)。通常这类住宅户型的空间面积较大，有充分空间可供功能划分，此外，由于整个住宅占有两层空间，所以有很大的采光面，不仅保证了日常的采光，通风效果也得到了保证（图 5-20 和图 5-21)。在空间布局上，一楼往往设置公共活动空间，如起居室、餐厅、厨房等，二楼一般设置私密活动空间，如卧室、客房、书房等，功能分区明确，互不干扰，也保证了私人活动空间的私密性（图 5-22 ～图 5-24)。另外，室内采用独用小楼梯，不通过大楼公共楼梯，受外界影响小。

由此可以看出，跃层住宅有以下 3 点优势：第一，空间非常有层次感，空间中的动静分区更为明确；第二，能更好地保证家庭成员私人生活的私密性；第三，由于占有两个标准层空间，所以只有进户层才有电梯平台及公共走道，缩小了电梯平台面积，一定程度上既提高了空间使用率又节省了户主上下电梯的时间。而跃层式住宅这种户型模式的不足之处在于，楼梯的设置同样会对孩子老人造成不便（图 5-25)，以及有的楼层限高会使空间存在压抑感（图 5-26)等。

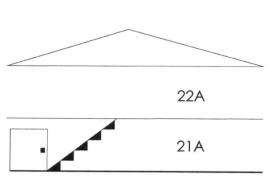

图 5-19　跃层式别墅示意图

图 5-20　跃层式住宅

【点评】图 5-19 所示的跃层式住宅通常是一套住宅占有两个楼层，户内有独立楼梯连接上下两层。

【点评】该案例（图 5-20）是北京湾流汇跃层式住宅样板间的实景图，可以看出跃层式住宅的空间面积十分充足，两层楼的层高和大面积的窗户保证住宅充足的采光以及良好的通风效果。位于二层能俯览整个客厅，这样的中空设计保证了上下空间的流通性，使空间更为通透。

图 5-21　跃层式住宅的采光

图 5-22　跃层式住宅的客厅

【点评】该案例（图 5-21）是建邦原香溪谷 B 户型跃层式住宅样板间，跃层式住宅由于面积较大，进深较深，所以在空间采光和照明上有较高要求，设计时可采用大面积的落地玻璃窗，其次可以增加照明灯具以满足户主日常照明需求。

【点评】该案例（图 5-22）是佛冈跃层别墅中的客厅设计，作为户主公共活动空间的重要组成部分，客厅空间位于别墅一层，空间宽阔明亮，布置雅致大方，满足户主日常待客交流的需要。

图 5-23　跃层式住宅的餐厅

【点评】该案例是佛冈跃层别墅的餐厅设计，作为公共活动区的餐厅紧挨着客厅，布置较为紧凑简约，顶层天花与二层空间相同都仅用一块透明玻璃相隔，使餐厅区域环境更为通透，空间看上去也更有层次感、更为宽阔。

图 5-24　跃层式住宅的书房

【点评】该案例是位于佛冈跃层别墅二层的书房，它属于主人的私人活动空间。书房面积不大，但采光充足，书房设计风格与一层的客厅、餐厅的清新雅致的设计风格相一致，空间相对封闭隐秘，保证了主人安静舒适的阅读环境。

图 5-25　跃层式住宅的楼梯

【点评】图5-25中跃层式住宅在设计时，设计师往往出于节约空间的考虑，将楼梯坡度设置的较陡或者设置为旋梯，这样的设计对于孩子和老人的使用造成了不便，安全性能不高。

因此，综合考虑，针对跃层式住宅的设计我们应注意3点：① 注意功能分区的合理性，特别是动静之分、公私之分，一般是一楼设置起居室、厨房、餐厅、卫生间，二楼设置主卧室、书房、卫生间（图5-27）；② 二楼的主卧室的房高必须要大于2.3m，否则会给人们带来压抑感，不利于人的休息睡眠（图5-28）；③ 在楼梯的设置上，梯段宽度应保证大于等于80cm，否则在给家具搬动迁移带来不便（图5-29）。此外，若由于空间有限，室内只能设置一个卫浴间，应考虑设置在上层，位置应选择在靠近楼梯一端，方便使用，减少对私人活动空间的打扰（图5-30）。

图 5-26　跃层式住宅的餐厅

图 5-27　跃层式住宅的卧室

【点评】该案例（图 5-26）是万科惠斯勒小镇跃层式住宅样板间的餐厅设计，由于层高所限，餐厅的空间低矮压抑，面积较为狭小拥挤且采光不足，这时可采用较大型的吊灯或吸顶灯来满足用餐的照明需要。

【点评】该案例（图 5-27）是位于香樟树 86 号跃层别墅二层的主卧室设计，由于跃层式住宅空间面积较为宽阔，且该卧室空间层高合理、采光充足，给设计师提供了充分的发挥空间。整个卧室设计风格以美国南加州风情为主调，又糅入西班牙传统建筑风格。精致的拱券设计、抹灰的墙体，配以朴实厚重的木质家具装饰，碎花布艺点缀其中，使该卧室环境充满浓郁的异域风情。

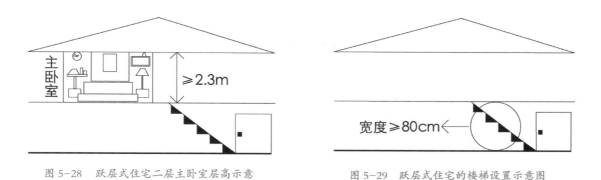

图 5-28　跃层式住宅二层主卧室层高示意　　　　图 5-29　跃层式住宅的楼梯设置示意图

【点评】图 5-28 所示的位于跃层式住宅二层的主卧室，它的层高应大于等于 2.3m，否则卧室空间会给人带来压抑感。

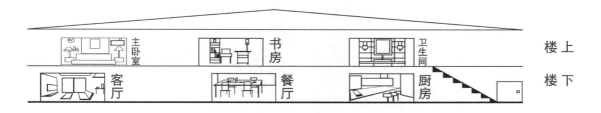

图 5-30　跃层式住宅卫生间设置

【点评】当跃层式住宅空间面积有限且只能设置一个卫生间时，该卫生间的位置应选择位于二层靠近楼梯一侧，既保证了户主与客人的使用方便，又避免打扰到二层私人活动区域的安静及私密性。

5.3 错层式住宅

错层式住宅是这几年在南方地区比较盛行的户型模式。这种住宅一般是指居住空间中各功能区（如起居室、餐厅、厨房等）都不在一个平面上，而是各个功能区处在错开的、不同高度的平面上（图5-31）。比如，在起居室和餐厅相互关系的处理中，餐厅可设置在有一定高度的台面上，将餐厅与起居室的功能空间合理分开，中间用几级台阶连接起来，这样的设计既明确了分区又独具匠心（图5-32）。通常来说，错层式住宅各平面的高度差为0.3～0.45m（图5-33），就是当人站在低层时应可看到高层的地面，错开之处只需用几级楼梯连接上下两层，这样错落有致的设计，能给人带来一种空间的无限丰富感（图5-34）。

与复式住宅和跃层式住宅完全分为上下两层垂直重叠空间有所不同，错层式住宅内各平面并非是垂直重叠，而是不等高式的错开。且平面之间高差跨度不大，只需3～5级台阶，老人孩子上下楼更为轻松便捷。同时，与平层相比，空间层次感也更为丰富，能更加明确地区分各功能空间，一定程度上帮助室内动静空间分隔（图5-35）。但是，这种错落式的格局并不利于房屋结构的抗震性。同时，如果布局处理不恰当，会显得整个空间零零散散，稍显混乱。另外，小户型住宅并不适合这种错层式住宅的设计形式，会使空间狭窄局促。

图5-31　错层式住宅

图5-32　错层式住宅

【点评】该案例（图5-31）是纽约一处以北欧简约设计风格为主的错层式住宅设计，可以看出，住宅的客厅与餐厅区域并不处于同一平面上，各功能区是错落而至的，住宅整体的装修设计简约而雅致，但错落的空间布局又为空间增添了无限的层次感。

【点评】该案例（图5-32）是金榕苑错层式住宅样板间的实景图，为了使住宅空间更有层次感，设计师将就餐区域设置在较高一层的台面上，使空间功能区的划分更为明确，一定程度上避免了功能区之间的互相影响。

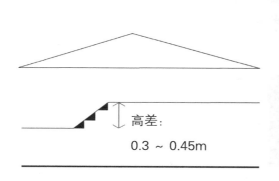

图 5-33　错层式住宅示意图

图 5-34　错层式住宅

【点评】该案例（图 5-34）是北京亦庄一处错层式住宅的设计，起居室与餐厅区域之间由四级楼梯连接，设计师采用了 60cm 的高差将两个区域进行区分与围合，既不影响空间的通透感又丰富了空间层次。

在错层式住宅的空间设计上，每片错层的高差应控制在 0.45 ~ 0.9m（图 5-36），高差如果不明显（图 5-37），则会影响空间错落有致的层次感，高差间隔过大，则会破坏住宅整体的空间感，同时也会增加交通使用面积。另外，在错层式住宅的功能分区设置中，应充分考虑到老人与孩子的使用要求，可将这类人群的卧室设置在下沉空间当中（图 5-38）。设计师还需要注意的是由于错层式住宅的设计形式使房屋的抗震能力减弱，所以须特别加强房屋结构的抗震能力。

图 5-35　错层式住宅的餐厅

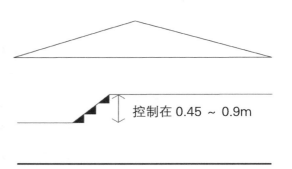

图 5-36　错层式住宅设计要点示意图

【点评】该案例（图5-35）是建邦原香溪谷错层式住宅样板间的设计，设计师将餐厅设置在下沉空间中，四周立面采用拱门的结构形式对餐厅区域进行围合，与通往起居室的走廊之间有三级阶梯的跨度。整个就餐区域相对独立，保证主人就餐时不受周遭打扰，就餐环境更易维护管理。

图5-37　错层式住宅的餐厅　　　　　　　图5-38　错层式住宅的儿女卧室

【点评】该案例（图5-37）是碧桂园错层式住宅样板间的设计，由于层高的限制，该住宅中餐厅区域的台面高差并没有特别明显，只间隔了一级低矮阶梯，将起居室与餐厅区域进行简单地区分。

【点评】该案例（图5-38）是错层式住宅的儿女卧室的设计，设计师考虑到孩子上下楼梯的安全性，将卧室设置在下沉空间中，且平面高差不大，仅以两级阶梯来简单区分一下功能空间。

5.4　LOFT住宅

随着中国房地产市场的繁荣，住宅户型呈现多样化发展格局，以满足各类人群的需求。而近几年，个性前卫的LOFT住宅户型开始受到广大年轻人的喜爱。

LOFT一词在英文中是仓库、阁楼的意思，如今演变为指代那些由旧仓库或旧工厂改造而成的（图5-39），空间中没有内墙隔断、高挑开敞的房屋。LOFT最初诞生于纽约SOHO（South of Houston）区，在西方20世纪40年代，许多艺术家由于生活贫困潦倒，所以搬进这些废弃破旧的厂房生活、进行艺术创作，这些艺术家们将这种厂房变废为宝，对空间进行了简单的收拾整理，使LOFT逐渐成为一种席卷全球的艺术时尚。到了90年代，这种概念被带到了中国的一线城市当中，这种新潮的设计也被引用于住宅当中。如今LOFT已经成为了一种比较成熟的住宅户型模式（图5-40）。

通常来说，LOFT式住宅是指面积为30～50m²的小户型，层高一般为3.6～5.5m，空间高大而开敞，上下两层的复式结构，户型中无内墙和障碍物，流动性强，空间透明开放，灵活性高（图 5-41）。

　　LOFT 住宅有将近 5.5m 的挑高，高层空间变化丰富，室内无障碍，结构透明，可让户主根据喜好来设计。LOFT 空间层次较为分明、立体感强。如果设置隔层，可将动静态生活区分离，保证私密性（图 5-42）。其次，LOFT 住宅在销售时是按一层的建筑面积计算的，但户主实际的使用面积可增加近两倍，且物业费也只收单层的，所以在使用成本上也减少了生活支出。另外这种充满艺术时尚氛围的 LOFT 空间，更能体现出户主的个性与品味（图 5-43）。

图 5-39　LOFT 住宅　　　　　　　　　　图 5-40　LOFT 住宅

　　【点评】该案例（图 5-39）是纽约一处由废弃的室内篮球场改造而成的 LOFT 住宅。这个房屋的结构没有做较大改变，只是进行了简单地粉刷，通过设置隔层将空间划分为两层以增加使用面积。这种改造而来的 LOFT 住宅空间因为结构高挑、面积宽敞，有良好的采光、通风，且在空间布置上灵活性较高，受到年轻人的追捧和喜爱。

　　【点评】该案例（图 5-40）是新希望地产样板间的 LOFT 住宅设计。设计师灵活随性的空间设计体现出主人追求自由的生活态度以及个性化的生活喜好与品位。空间色调以黑白中性色为主，深色木质楼梯、隔断、家具等的设置营造出沉稳、干练、质朴的空间氛围，但花色地毯、彩色的花束、红色窗帘等的搭配让人眼前一亮，这样一抹色彩为沉闷的环境增添了生机与活力。

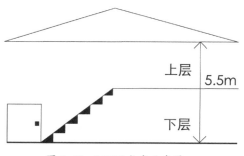

图 5-41　LOFT 住宅示意图

图 5-42　LOFT 住宅的空间划分

图 5-43　LOFT 住宅的个性化设计

【点评】图 5-42 中 LOFT 住宅空间有将近 5.5m 的挑高，且空间结构透明，室内无障碍，所以户主在空间安排划分上有很大的自由性，空间组合上也可以灵活多变。设计师可根据户主的需求，通过设置隔层的方式，将卧室空间与公共活动区区分开，避免动静态生活区之间互相影响。同时二层空间的视野更为开阔，面积充足，有利于营造良好舒适的睡眠环境。

【点评】图 5-43 中 LOFT 住宅深受年轻人的喜爱的主要原因就是可以凭喜好来进行设计，以凸显主人的个性。此 LOFT 住宅的设计就充分体现出主人的独特个性，以黑色为主色调的工业化风格的装修设计，炫酷而简约。电视后方的可移动式隔断，既是可供创作的黑板，又是独具特色的用来划分卧室和起居室的电视背景墙，这样的设计让住宅的空间布局更为灵活多变，空间层次更为丰富。

当然，这种户型也同样存在一些缺点。住宅空间中的隔层往往需要户主自行搭建装修，受隔层影响，层高必然会受到限制，空间也会变得压抑。同时，由于整个户型是一个空空荡荡的空间，没有基本的生活设施与功能分区，这就需要户主进行重新规划装修（图 5-44），加上隔层的建造成本，该户型装修费用成本较为庞大，且夹层一旦增设，就不能轻易拆装改变。如果采用钢结构的夹层设计，隔音效果则得不到保证。同时，由于空间面积有限，当分为上下层复式结构式时，楼梯则会较为陡峭，给老人和孩子上下楼带来了不便。

在这类 LOFT 住宅户型的设计上，设计师们应注意明确空间中功能区的划分。由于 LOFT 住宅为小户型，所以装修时为了改善空间的闭塞压抑感，可在进行墙面分割时，多采用透明材料来增加空间的通透感（图 5-45）。因为这种户型的私密性较差，所以 LOFT 适合有特殊文化背景或工作需要，且有一定经济实力的单身或夫妻二人居住，但 LOFT 并不适合老人居住，因为错落的空间格局，加上多为透明或镂空的隔断结构，会给老人的生活带来不便，容易发生意外。对于空间中楼梯的设置，其坡度设置为 30°最为合适（图 5-46）。此外，该户型由于层高高、进深大，设计师在进行规划设计时，需要考虑到各个功能分区的采光和通风（图 5-47），以及二层空间的隔音问题。

图 5-44　LOFT 住宅的空间划分

图 5-45　LOFT 住宅的设计

【点评】LOFT 住宅往往空间较为空旷，室内无隔断且并没有划分好功能空间，这需要主人自行安排好各功能区的位置。图 5-44 是厨房与用餐区的位置划分，开放式的厨房设计既节约了空间也保证了采光与通风环境。其次，用餐区的位置可根据需求在住宅内自由移动布置，没有任何约束，这样的设计展现出主人自然随性的生活态度。

【点评】该案例（图 5-45）是力高澜湖郡 LOFT 公寓南户型样板房的设计，针对该住宅空间大、进深较深而导致的室内采光通风不理想的问题，设计师采用了大面积的透明玻璃材质来保证空间的明亮与通透，同时也可缓解空间的闭塞压抑感。

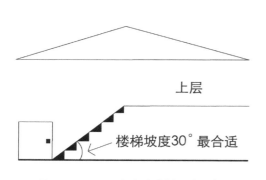

图 5-46　LOFT 住宅的楼梯设置示意图

上层

楼梯坡度30°最合适

图 5-47　LOFT 住宅的设计

【点评】该案例图 5-47 是乐马（Le Prad）的 LOFT 住宅样板房的设计。为了改善住宅进深较深而采光不足的问题，设计师采用了现代简约的设计风格，减少了空间中隔断的设置，保证室内空间的开敞通透。此外，空间色调以白色为主，如白色的墙面、横梁、书柜等，地面则铺设深色的木质地板，在视觉效果上，让室内空间更为宽敞而光亮。

另外，需要提及的是由这种 LOFT 式住宅户型的设计衍生出来了一种 LOFT 设计风格，这种风格往往是保留住厂房原本的简陋废弃的空间结构装饰，如破落墙面、外漏的结构，生锈的管道等，同时又增加了现代时尚的家居装饰元素，配合着根据不同功能分区而设计的灯光照明，一种怀旧而充满艺术感的空间氛围就形成了（图 5-48）。

图 5-48　LOFT 设计风格

【点评】该案例是乌克兰基辅一处阁楼公寓的设计案例，设计师采用了 LOFT 设计风格，即一种"工业风"，如暴露在外的红色管道，破败的红色墙砖、深色钢铁材质的隔断、夸张的大型吊灯等，营造出一种充满艺术情调又带有怀旧气息的独特空间气氛。

复习与思考

1. 谈一谈 3 种居住空间户型的特点或优缺点。
2. 针对具体居住空间户型设计案例，谈谈你的看法。

课堂实训

1. 总结概括各居住空间户型的特点及设计要点。
2. 选择任意一种住宅户型，提出一套完整的设计方案。

第6章

居住空间常用的
装饰材料

学习要点及目标

● 了解居住空间设计中不同种类的装饰材料；

● 从功能、视觉、感觉和审美 4 个方面来掌握常用装饰材料的基本特性；

● 通过学习装饰材料的选用原则，在今后的设计中合理使用装饰材料。

核心概念

装饰材料　基本特性　选用原则

引导案例

装饰材料是居住空间中的点睛之笔，是一个空间的灵魂，缺少装饰材料的空间是不完整的，因此，设计者在设计居住空间时，首先要弄明白空间中装饰材料的种类有哪些，各种材料有何特性以及如何准确地把相应的材料用在对应的空间中。图 6-1 所示是成都棠湖泊林城样板间设计，希望这个案例能够帮助读者打开认识材料的大门，再深入了解常见的装饰材料，在今后的设计中能运用自如，为设计增添不一样的美感。

图 6-1　起居室

【案例点评】该案例是成都某高档住宅区独栋别墅的样板间，整体选用了粗犷质朴的木质材料，木纹清晰可见的红棕色地板，与沙发等家具的颜色相一致，墙面也采用了木质饰面，使空间透露着浓郁的自然风情；背景墙选用了造型各异的天然石材，拼贴在墙体中，为居住者营造了自然舒适的视觉体验；顶面采用了白色的木质吊顶，提高了整体空间的亮度，也与深沉含蓄的木色形成鲜明的对比；水晶吊灯在白色天花的衬托下越发的精致，打造出温馨舒适的居住环境。

6.1装饰材料的特性

材料对于居住环境的设计起着十分重要的作用，这一点是毋庸置疑的，不同的装饰材料因其自身的材质、特性、光泽、肌理不同，会带给观者不一样的视觉语言，因此设计者必须把握不同材料的特性，适当地运用这些特性，才能创造出优秀的居住空间。下面，将从装饰材料的功能、视觉和感觉3个方面阐述材料的特性在设计中的关键作用，以及在设计中如何运用这些特性，从而达到更优质的设计效果（图6-2）。

图6-2　起居室

【点评】该案例是深圳太古城的样板间设计，墙面上没有做过多的装饰，只是用了淡绿色的涂料，与白色墙体的搭配让人感到清新自然，棕色木制茶几、座椅、电视柜显得沉稳大气，黑色印花图案的地毯也是空间中的一大亮点。

6.1.1 功能特性

装饰材料的功能特性主要体现在不同的材料拥有不同的装饰功能、保护功能和环境调节功能。第一，装饰材料的形态、纹样、肌理等外在表现使其具有一定的装饰功能，大多数的装饰材料都需要经过适当的选择和加工才能满足居住者的视觉审美要求。例如，花岗岩只有经过打磨之后，才能呈现出既细腻光洁又粗犷坚硬的质感。同样的，大理石具有丰富的纹理美、金属具有冷峻之美、木材具有朴实之美、壁纸具有柔和之美，这些都体现了材料独有的装饰功能（图6-3）。第二，材料的保护功能是由其化学成分和物理性能决定的，选用适当的材料，可以对室内空间起到很好的保护作用。针对每个功能区不同的需求，要选用不同的装饰材料进行保护，如卫生间和厨房用水量大，需要铺上具有防滑防水性能的地砖；起居室活动量较大，使用频繁，铺上具有耐磨型的材料能够更好地维护家居环境（图6-4）。第三，材料除了具有装饰和保护功能之外，还具有调节环境的功能。如在居住空间中使用木地板和地毯等，能够对空间起到保温、隔热和吸声的作用；使用具有遮光效果的窗帘，即使在白天，也能为人营造适宜的睡眠环境，使居住者感受到舒适自然的室内环境，改善了人们的生活品质（图6-5）。

图6-3　起居室　　　　　　　　　　　　　　　　　图6-4　起居室

　　【点评】该案例（图6-3）是成都青山城365住宅的样板间，设计者充分利用了各种装饰材料的特性，例如流线型的木制沙发配以暗色花纹，使空间充满安逸灵动之美，淡黄色的地砖与中黄色的涂料赋予地面和墙壁生机，加上精美的壁灯，使空间洋溢着温暖浪漫的情调。

　　【点评】该案例（图6-4）是南京怡湖华庭的样板间设计，由于起居室活动空间较大，在设计中采用了大理石地砖，重要的是深棕色和暗棕色的地砖纹路清晰可见，避免由于划痕造成视觉上的不美观，背景墙选用了白色的软包，造型简约大方，配以造型丰富的装饰画，营造出时尚的空间感。

图6-5　卧室

【点评】该案例是成都麓山国际社区翠云岭的样板间设计，朝阳的卧室会使人有焦躁的感觉，所以设计师采用了淡蓝色印花壁纸，中和了强烈的阳光带给人的不适感，精美的花纹也为空间带来艺术感，窗帘帷幔是卧室的首选材料，不仅具有为居住者遮挡阳光的使用功能，还具有极强的装饰性，可以美化空间环境。

6.1.2 视觉特性

材料带给人的视觉特性，在居住空间极其常见，基本上每一种材料都会带给人不同的视觉特性，例如玻璃会让人感觉干净光亮，木材的纹理会让人看着质朴，织物所呈现出丰富多彩的图案，带给人多彩的视觉享受。装饰材料以其颜色、纹样、肌理带给观者不同的视觉体验，下面将针对这 3 个因素详细具体地分析装饰材料在居住空间中带给人何种视觉特性（图 6-6）。

图 6-6　起居室

【点评】该案例是佳木斯市金港湾的样板间设计，图中起居室的整体环境简约大方。白色的皮质沙发配以黑色抱枕，加上灰色的地毯，打造了经典的黑白灰环境；玻璃制品的茶几与餐桌采用了相同的材质，给人产生洁净光亮的视觉体验；天花中的黄色灯带为空间增添了一丝暖意。

1. 颜色

每种材料自身都有自己固有的颜色，这些颜色是影响居住空间视觉效果的主要因素之一，同样的，当人们看到这些颜色时，也会产生不同的心理感受。材料的颜色通常会呈现出两种状态，一种是材料具有的天然色彩，这是不需要经过任何处理的纯天然颜色；另一种是根据室内环境以及设计的需要，对材料进行相关的技术处理，改变其自身的固有色。在居住环境设计中，选择和使用材料必须结合整个空间的设计风格、色彩搭配、灯光照明的设计，使每种材料充分发挥其色彩对空间的关键作用。在进行材料颜色搭配的时候，应注意色彩的冷暖对比、色相对比、互补色的对比以及色彩面积大小的对比，使材料的色彩在空间中得以充分地体现（图6-7）。

2. 纹样

材料的纹样多指其表面的平面装饰图案，常见的纹样一般有云纹、木纹、石纹、几何纹、水纹等，例如天然石材具有天然的花纹，这是人工石材所替代不了的。木材也有其特有的纹理，在居住环境中起到了极大的装饰作用；地毯等人造的花纹则是空间的点睛之笔，达到了很好的装饰效果。因此，在居住空间的设计中，应该注重把握不同材料纹样的特征，合理地把相应的材料设置于室内空间中，与环境相融合，来塑造整个空间氛围（图6-8）。

图6-7　起居室

图6-8　起居室

【点评】该案例（图6-7）是福州一处样板间的起居室设计，色彩带给人的视觉特性在该图中体现得淋漓尽致。黄绿色的天花一直延伸到墙面上，拉伸了空间的视觉高度，淡青色的木质饰面为空间增添一丝清爽，作古的地砖以及花色的沙发抱枕营造出浓浓的田园风情。

【点评】该案例（图6-8）是武汉万豪国际的样板间设计，实木地板的木纹在精美的吊灯下越发的流畅细腻，棕红色的皮质沙发使空间显得高端大气，电视背景墙采用了实用与装饰效果兼具的储物架，具有艺术性的装饰品也为空间增添了独特的韵味。

3. 肌理

所谓肌理，就是材料表面的质地，形成各种丰富而有秩序的纹理。肌理有点、线、条、块，有水平的、垂直的、斜纹的、交错的，有规则的也有杂乱无章的，有自然肌理效果也有人工效果。由于各种材料的原料和加工方法的差异，导致材料表面的肌理会呈现出多样化的特征，有细腻的效果也有粗糙的效果，有平整的感觉也有参差不齐的感觉，有坚硬的肌理也有柔软的肌理。在室内空间的装饰中，设计者应该根据不同材料的肌理效果，对材料进行合理地组合，由于材质的肌理变化，会给空间带来不同的视觉张力，为居住空间提供更多的设计可能性（图6-9）。

图 6-9　起居室

【点评】该案例是深圳一处住宅设计，图中的视觉亮点在于沙发背景墙上，肌理效果极强的复古砖拼贴而成的背景墙，充满了质朴的田园色彩，暗绿色的墙面与淡黄色的墙面形成鲜明的对比，虽无过多的细节装饰，但整个空间朴实舒适，为主人带来身心上的放松和愉悦。

6.1.3 感觉特性

居住空间环境是自然环境、人工环境、人文环境的综合表现，所以能够表现出人的视觉、听觉、触觉、味觉以及嗅觉的全部感知。也可以理解为在居住空间中，由于材料特有的感觉特性，使人的各种感知愈加强烈。在这些感观中，视觉和触觉要比嗅觉、味觉和听觉更加突出，所以在室内装饰中，材料的质感对人的影响极其重要。下面将重点讲解材料的质感对人产生的作用，以及如何合理地使用不同材质的材料，正确运用材料的感觉特性（图6-10）。

在居住空间设计中，各种装饰材料因其结构组织的差异，表面会呈现出不同的质地特性，带给空间不同的视觉效果，使人产生不同的审美体验。材料的质感通常是指人对材料表面的肌理形成的视觉感知和触觉感知，由于每个人的感知不同，对所感受的材料会产生不同的主观印象和心理感受。例如：木材会给人质朴的心理感受，石材会带给人沉稳的心理感受和粗糙的触觉效果，玻璃给人冰冷的心理感受和光滑的触觉体验；不锈钢带给人坚硬的心理感受；地毯使人感到温暖舒适，同样会给人细腻柔软的触觉体验。因此，设计者在选用材料装饰家居环境时，应根据材料不同的感觉特性加以选择，合理搭配不同的材质，营造高品质的居住环境（图6-11）。

图6-10 餐厅

【点评】该案例是福州一处住宅的餐厅设计，设计者掌握了金属材料的特性，在隔断墙以及细节装饰上都使用了弯曲的金属制品，精致细腻的流线型使空间充满流动性，淡粉色的墙体让就餐环境别致优雅，可见居住者浪漫的生活情趣。

图6-11 起居室

【点评】该方案是大连第五郡样板间设计，图中的起居室地面铺装采用了沉稳的实木地板，配以蓝色亚麻材质的地毯，有着强烈的复古感；沙发和抱枕也采用了相同的蓝色系，尽管颜色一致，但是在花色上，有圆点图案，也有条纹图案，共同营造出协调一致的空间氛围。

6.2 常用的装饰材料分类

居住空间的装饰材料是指用于房屋内部立面、地面、天花和柱面等的罩面材料。装饰材料不仅能够改变室内的装饰环境，给人带来审美体验，同时还具有防水、防潮、吸声、隔热、隔音等多种功能，对保护房屋的主体结构、延长建筑物使用寿命有着重要的作用，因此装饰材料成为当今社会建筑装饰中不可或缺的一部分。装饰材料的种类多种多样，下面将从材质的角度阐述装饰材料的种类，使读者对材料的认知产生一种清晰明确的印象（图 6-12）。

图 6-12　书房

【点评】该案例是深圳阳光带海滨城的样板间设计，图中重点展现了书房的整体环境，木材在整个空间中的使用率极高，木质地板以及书桌等家具散发着淳朴的气息，红蓝色的撞色地毯为空间增添了一抹亮色，与整体环境相互融合，恰到好处。

6.2.1 木材

木材属于硬质材料的一种，其凭借优良的性能成为用途极其广泛的天然材料。在居住空间中，木材常用在地板、天花板、门窗、墙面、家具、楼梯、踢脚板等界面及物体中。木材具有强度高、弹性好、抗冲击、抗震动、质地轻等优点，同时，由于其易于加工、涂装，能够打造出具有个性化的居住环境。木材本身带有的自然纹理和色泽，给人带来温和的视觉效果，是人们经常选择的"绿色"材料。在居住空间中，常见的装饰木材有木地板、木饰面板、木花格以及木装饰线条等。下面将从木地板和木饰面板两方面出发，阐述木材在居住空间中的应用（图 6-13）。

1. 木地板

木地板，顾名思义是指用木材制成的地板，其可分为实木地板、软木地板、竹木地板、强化木地板等（图6-14）。

图6-13 餐厅

图6-14 书房

【点评】该案例（图6-13）是一处餐厅的设计，图中使用了木制的餐桌、餐椅以及储物柜，不加任何修饰，透露着木材原有的质朴之美，淡黄色的仿古地砖与木材的颜色相互协调，带有重点照明灯光的照片墙使空间趣味横生。

【点评】该案例（图6-14）是一处充满童趣的书房设计，设计者在地面铺装上选用了暗色系的木地板，配以淡粉色的碎花壁纸，沉稳中又带有一种恬静美好的感觉。储物柜是设计的精彩之处，根据墙面自然的倾斜面做了一处储物柜，极大程度地利用了空间，又使空间具有极强的装饰效果。

实木地板又叫作原木地板，是天然木材经烘干加工后形成的地面装饰材料。自身带有树木生长的自然纹理，是热的不良导体，能够为室内带来冬暖夏凉的效果；以脚感舒适，绿色无污染的特点，成为起居室、卧室、书房等理想的地面装饰材料。实木地板的颜色大致可分为红色系、褐色系、黄色系三类，人们可根据室内配套的家具选择不同颜色的实木地板，它会为空间带来一种清新自然、返璞归真的装饰风格（图6-15）。

软木地板，被称为"地板的金字塔尖消费"，它在环保、防潮、隔音和舒适性上比实木地板略胜一筹，其具有柔软、舒适、耐磨的优点。值得一提的是，软木地板对老人和小孩的意外摔倒具有一定的缓冲作用，是有经济基础家庭的不二选择。同时，软木地板优质的隔音和保温效果适用于卧室、书房等静态空间中（图6-16）。

图 6-15　起居室　　　　　　　　　　　　　　　　　　　　图 6-16　儿童房的设计

【点评】该案例（图 6-15）是深圳中信红树湾的样板间设计，图中起居室给人的整体感觉就是自然清爽，实木地板的使用与未加工的天然树木装饰品协调统一，蓝灰色的色彩让人的心情异常平静，使居住者不受外界各种喧嚣的打扰，享受这种安逸宁静的空间氛围。

【点评】该案例（图 6-16）是一处儿童房的整体效果图，主要展现了别具一格的儿童床，该儿童床的楼梯上采用了软木，主要是为了保护孩子上下床的安全，软木柔软舒适，能够缓冲孩子由于意外摔倒产生的伤害，淡青色的儿童床与墙面的绿色和谐统一中又有略微的不同，可见设计者巧妙的构思。

强化木地板也叫作复合木地板，它一般由四层材料复合组成，即耐磨层、装饰层、高密度基材层以及防潮层。与传统的实木地板相比，强化木地板的规格尺寸更大、花色品种多，可以仿真各种天然和人造花纹（图 6-17），同时，由于其耐磨层经过强化处理，硬度很高，即使用硬物去刮也很难留下痕迹，在日常生活中不必为了保护地板而畏手畏脚，且其生产价格较之实木地板更加低廉，是一款性价比较高的地面装饰材料（图 6-18）。

2．木饰面板

木饰面板是指将天然的木材或者科技木刨切成一定厚度的薄板，粘附于胶合板表面，然后热压而成的一种用于室内装修或家具制造的表面材料（图 6-19）。

常见的木饰面板分为天然木质单板饰面板和人造薄木饰面板。二者的区别在于：天然饰面板纹理图案比较自然，花纹变异性较大，具有不规则性；而人造饰面板则可在木材的自然纹理基础上加以人工改造，纹理属于通直型或者有人工合成的团，具有规则性。在装潢中，常见的人造木饰面板有胶合板、纤维板、复合木板、木丝板、木屑板以及刨花板等。其中胶合板具有材质均匀、幅面大、强度高等特点，经常用作室内的顶棚板、隔墙板、门面板以及各种家具（图6-20）。复合木板又叫作"细木工板"，由于其表面平整，大幅面的特点，可在室内代替实木地板，用作隔断、橱柜或者隔墙等装修中，较之实木地板更加环保、节约资源（图6-21）。

图 6-17　起居室

【点评】该案例是一处简约风格的起居室设计，图中采用了干净素雅的复合木地板，没有实木地板强烈的木纹效果，在黑色沙发的映衬下越发清新，造型简洁的抛光砖背景墙面，无任何繁缛细节装饰，简约美观又大气。

图 6-18　起居室

【点评】该案例起居室的地面铺装选用了深褐色的木地板，营造出沉稳大气的空间氛围，白色皮质沙发在深色地板的衬托下彰显出柔软舒适的特性，茶几与电视背景墙都采用了石材，虽造型简约，但看着不那么简单，花纹在灯光的照耀下形成天然的图案，可见设计者的独具匠心。

图 6-19　起居室

【点评】该案例是一处起居室的设计，设计的亮点在于其木饰面的电视背景墙，一面墙都采用了天然的木质饰面，与地面的木地板形成一个整体，重点灯光下的木饰墙面越发的精致美观，天然的纹理是大自然赋予人类最好的装饰图案。

图 6-20　餐厅

图 6-21　两用书房

【点评】该案例（图 6-20）是一处餐厅的样板房设计，图中深咖色的木饰面板与暗绿色的墙面相互衔接，打造简约又不失沉稳的空间感觉，黑色的餐桌与白色的餐椅形成鲜明的对比，桌上红色的花卉饰品为空间增添了一丝活力。

【点评】该案例（图6-21）是深圳阳光带海滨城的样板房设计，图中展示了一个两用书房，用复合木板打造的灰色隔墙划分了阅读区和会谈区，隔墙既具有分隔效果，又做了能够储物的隔层，满足居住者日常储物及摆放艺术品的需求。

6.2.2 玻璃

玻璃是以石英砂、纯碱、重晶石、长石以及石灰石等为主要原料，在1500℃～1600℃高温下熔融拉制或压制成型，经一定方法冷却，并不经结晶而冷却成固态的非晶态物质。在装饰领域常用的玻璃品种主要有普通平面玻璃、传统平面玻璃、雕花玻璃、压花玻璃、冰花玻璃、钢化玻璃、夹层玻璃、装饰玻璃镜、磨砂玻璃、吸热玻璃、彩色玻璃、水晶玻璃等，下面将列举居住空间中常见的3个玻璃种类，阐述其在室内中的应用（图6-22）。

1. 磨砂玻璃

磨砂玻璃又叫毛玻璃、暗玻璃。由于其表面粗糙，能使光线产生漫反射，达到透光而不透视的效果，可以使室内的光线柔和而不刺眼，所以在室内经常用于需要隐蔽的浴室、卫生间、门窗或者隔断处，满足居住者对于光线以及遮挡视线的双重需求（图6-23）。

图6-22 餐厅与厨房

图6-23 餐厅

【点评】该案例（图6-22）主要展现了餐厅和厨房两部分，两个功能区的划分界限采用了通透的玻璃墙，看似在一起的两个区域实际上又不在一起，玻璃的特性在此案例中表现得淋漓尽致，厨房的窗户有着良好的光线，玻璃墙的使用使整个空间宽敞明亮。

【点评】该案例（图6-23）是台湾中坡北路的样板间设计，图中餐厅的设计主要表现了两种玻璃。一种是茶色的玻璃镜，储物柜的门使用了具有艺术性的茶镜，造型简洁大方；另一种是对窗户处的玻璃做了磨砂处理，达到了透光不透视的效果。

2．装饰玻璃镜

装饰玻璃镜一般采用高质量的平面玻璃以及茶色平板玻璃为基材，在其表面经镀银工艺，再覆盖一层镀钢，加上一层涂底漆，最后涂上一层灰色面漆制作而成，因此装饰镜有银镜和茶镜两种（图 6-24）。在居住空间设计中，设计者可根据需要选择不同种类的装饰镜，它不仅具有整衣照面的实用价值，还能够起到拉伸空间的视觉效果，以及美化整体空间环境的作用。因此装饰玻璃镜在居住空间中的使用更加广泛，可适用于室内中的立面、柱面、天花以及需要造型的地方（图 6-25）。

图 6-24　餐厅

图 6-25　起居室

【点评】该案例（图 6-24）是一处餐厅的设计，图中采用了银镜作为背景墙，其表面加入了赋有装饰效果的弧线形，打破了装饰镜原有的单调性，矩形的黑色吊灯与餐椅的颜色协调统一，共同打造出个性化的用餐环境。

【点评】该案例（图 6-25）起居室的设计很有趣味性，卧室和起居室之间的墙看上去采用了装饰玻璃镜，实际上是白色的竖条纹百叶窗分隔了两个功能区，由于选用的材质不同，给人造成了视觉假象，颇有个性，英伦范的格子织物在空间中大范围使用，营造出不一样的视觉效果，简约大方不落俗套。

3．普通平板玻璃

普通平板玻璃也叫作窗玻璃，其具有透光、隔热、隔声、耐磨的特点，同时也具有一定的保温、吸热效果，被广泛镶嵌在建筑物内部的门窗、隔断以及家具中，其缺点是质地较脆，应避免高强度的震动和敲击（图 6-26）。

图 6-26　玻璃隔断墙

【点评】该案例是一处现代化居住空间设计。玄关处与餐厅之间用最平常的平板玻璃分隔，使整个空间看起来通透明亮；起居室和餐厅都采用了光洁的浅色抛光砖，整个空间显得宽敞大气。

6.2.3 石膏板

石膏板是以建筑石膏为主要原料制成的一种材料。它有质轻、强度较高、厚度较薄、易加工、隔音绝热和防火等特性，是当前发展较快的新型板材之一，被广泛运用到住宅、酒店等各种建筑物的内隔墙以及墙体罩面板、天花板、吸音板、地面基层板和各种装饰板当中。石膏板的种类主要包括纸面石膏板、无纸面石膏板、装饰石膏板、石膏空心条板、纤维石膏板、石膏吸音板、定位点石膏板等，下面将以具有装饰效果的石膏板为主，阐述石膏板在居住空间中的应用（图 6-27）。

1. 纸面石膏板

纸面石膏板是以石膏料浆为夹芯，两面用纸做护面而成的一种轻质板材。纸面石膏板质地轻、强度高、防火、防蛀、易于加工。普通纸面石膏板用于内墙、隔墙和吊顶。经过防火处理的耐水纸面石膏板可用于湿度较大的房间墙面，如卫生间、厨房、浴室等贴瓷砖、金属板、塑料面砖墙的衬板（图 6-28）。

2. 装饰石膏板

装饰石膏板是以建筑石膏为主要原料，掺杂少量纤维材料等制成的有多种图案、花饰的板材，如石膏印花板、穿孔吊顶板、石膏浮雕吊顶板、纸面石膏饰面装饰板等（图 6-29）。装饰石膏板是一种新型的室内装饰材料，适用于中高档装饰，具有轻质、防火、防潮、易加工等特点。在居住空间中，装饰石膏板可用于装饰墙面、护墙板及踢脚板等（图 6-30）。

图 6-27　起居室

【点评】该案例起居室的设计透着浓郁的地中海风情，拱形门是地中海风格的居住空间中不可或缺的重要元素，蓝白条纹的布艺沙发如海风拂面般清爽，楼梯处的石膏板造型独特，采用了大小不同的圆形，构筑了具有无限乐趣与想象力的住宅环境。

图 6-28　起居室

【点评】该案例是长沙保利阆峰云墅的样板间设计，图中起居室的天花界面运用石膏板打造出流畅的弧线形，配以蜷曲图案的蓝色地毯，上下对应尽显唯美风情，背景墙使用了马赛克拼贴而成的肌理效果加之铁艺图案，与整体的弧线形相对应，共同刻画出自然脱俗的居住环境。

图 6-29　起居室

【点评】该案例是台湾中坡北路的一处样板房设计，图中起居室的电视背景墙采用了淡棕色的天然大理石材质，简约大气，两边搭配着刻有花朵图案的石膏板，增添了空间可爱俏皮的感觉，白色的石膏板与整体的墙面颜色相融合，不显得突兀又有自己的特色。

图 6-30　休息区

【点评】该案例是安徽圣地雅歌的样板间设计，图中重点展示了一处休息区的座椅与背景墙，墙体主要采用石膏板刻画而成的的几何图案，流畅横竖型线条与金色的矩形装饰画相呼应，座椅也采用了金色镶边，营造出典雅别致的空间环境。

6.2.4 石材

石材是既现代又古老的材料。它具有独特的质感，未经打磨的石材透出一种粗狂之美，抛光之后的石材表面光滑细腻，华贵亮丽。在居住空间中，石材广泛用于墙面、地面、柱面、栏杆、隔断、楼梯以及洗漱台等。石材主要包括人造石材和天然石材两大类。人造石材包括水磨石、人造大理石、人造花岗岩以及其他人造石材；天然石材包括天然大理石和花岗岩，以下将根据石材装饰和使用的部位不同，讲述其在居住空间中的使用（图6–31）。

1. 地面石材。居住空间中的铺地石材主要有人造大理石和天然大理石两种。前者与后者的区别在于：人造大理石图案精细繁多，图案内容可根据设计者而定；天然大理石纹理自然流畅，有很强的装饰效果（图6–32）。

图 6–31　玄关　　　　　　　　　　　　　　　图 6–32　餐厅

【点评】该案例（图6–31）是南京怡湖华庭的样板间设计，图中的玄关地面铺装选用了两种色彩的大理石，深浅棕色的大理石拼贴成一幅几何图案，简洁时尚，多种自然纹理能够有效防止出入户造成的划痕，木质格栅也选用了同样的几何造型，二者虽材质不同，但造型一致，整体和谐统一。

【点评】该案例（图6–32）是昆明顺城的一处样板间设计，图中餐厅的地面铺装和起居室都采用了具有流畅纹理的人造大理石，简约又不失大气时尚。酒柜的设计也别出心裁，每一层都有暗藏灯带，装饰品与酒具在灯光的照射下光彩透亮，木饰面的酒柜、背景墙与地面铺装的色彩基本一致，相互呼应。

2. 饰面石材。在居住空间中，为了达到很好的视觉效果，往往会采用比较具有装饰性的石材，主要会选择有各种颜色、花纹图案且具有不同规格的天然花岗岩、大理石、板石以及人造石材等（图6–33）。

3. 装饰石材。住宅中常会见到大量的装饰石材，如欧式别墅中常用罗马柱，田园风格的住宅则会选取文化石作为其装饰材料，还有许多具有艺术效果的石材也可在空间中作为装饰石材。例如在居住空间的走廊处放置一些石雕艺术品，为整个环境增添了一些艺术气息（图6-34）。

图6-33 起居室　　　　　　　　　　　　　　　　图6-34 起居室的一角

【点评】该案例（图6-33）中的起居室的设计彰显了大理石的大气磅礴，极具现代感的壁炉处使用了黑灰色的大理石，带给人山水画中泼墨般的视觉效果。地面采用了同样灰色系的木质地板，配以乳白色的地毯织物，中和了大理石带给人的坚硬感，造型独特的茶几为空间增添了无限乐趣。

【点评】该案例（图6-34）着重展现了某起居室的一角，拱形墙面由纯天然的石材堆砌而成，使空间充满返璞归真的韵味，地面仿古砖的使用同样为空间营造出质朴的氛围，红棕色的实木家具与空间环境相统一，十分协调。

6.2.5 陶瓷

陶瓷材料的分类方法很多，通常可以根据其用途、性能或者化学成分进行划分。本书主要讲的是居住空间中的陶瓷材料，所以按照其用途划分，主要可分为墙面砖和地面砖两种陶瓷制品。陶瓷地砖的品种繁多，以下将重点介绍5种砖体，解析其在空间中如何合理运用（图6-35）。

1. 釉面砖

釉面砖就是表面用釉料烧制而成的砖体，所以其表面在制作过程中可以设计出各种图案和花纹，同时，釉面砖的防污性能很强，被广泛用于墙面和地面中。在居住空间中，釉面砖具有防渗水、不怕脏、防滑较好的特点，适用于厨房、卫生间等功能区的墙面中（图6-36）。

图 6-35　厨房　　　　　　　　　　　　　　　　　图 6-36　厨房

【点评】该案例（图 6-35）是深圳宏发美域 202 户型样板房设计，图中的厨房主要采用了蓝白色调，白色的橱柜隐约透露着精致细腻的木质纹理，地面铺装和墙体都选用了蓝色系砖体，虽在颜色和花纹上略有差别，但不影响整体，构建了和谐统一的烹调环境。

【点评】该案例（图 6-36）能很好地体现厨房在砖体上的选择，防污性极强的砖体铺设于厨房的墙面和地面之上，乍一看采用了同种砖体，仔细一看，只有材质相同，而大小和排列方式都发生了变化，打造出了不同的肌理效果。

2. 通体砖

通体砖与釉面砖相反，其表面不上釉，所以通体砖正反面的材质一样。通体砖具有很好的耐磨性，其花色比不上釉面砖，但其具有古色古香的装饰效果。通体砖表面粗糙，光线照射后产生漫反射，柔和不刺眼，能有效地避免光污染。通体砖很好的防滑性和耐磨性决定了其一般适用于居住空间的过道等使用频繁的场所以及用水频繁的厨房和卫生间的地面中（图 6-37）。

3. 抛光砖

抛光砖是通体砖坯体经过打磨后形成亮面的一种砖体，它本身就属于通体砖的一种。抛光砖与通体砖的区别在于通体砖的表面粗糙，而抛光砖的表面细腻光洁，而且它的表面可以做出各种仿石材、防木的效果。抛光砖以其光亮洁净的表面、坚硬耐磨的特性，适用于室内的厨房、卫生间、起居室中。但抛光砖有一个缺点，就是防污性能差，所以尽量不要把抛光砖用在玄关、走廊等使用频率高的区域（图 6-38）。

图 6-37　餐厅与厨房

图 6-38　起居室

【点评】该案例是郑州五云山定制庄园别墅 A59 TNR 的样板间设计，图 6-37 中重点展示了厨房与餐厅的铺装，开放式的厨房与餐厅用一个吧台分隔开来，厨房中的立面铺设了具有天然造型的石材，餐厅的背景墙也延续了这种石材的使用，构思巧妙，餐桌下区域采用了通体砖，很明显地把用餐区与非用餐区分隔开来，让空间存于无形之中。

【点评】该案例（图 6-38）中起居室的设计简约时尚，地面铺装采用了象牙白的抛光砖，在灯光的照射下，显得干净明亮，清晰可见的倒影是抛光砖特有的图案和纹理，黑色沙发和茶几在地面的衬托下尽显高端的品质，抽象的装饰画在木饰面的背景墙中也显得韵味十足。

4. 仿古砖

仿古砖实际上不属于我国陶业的产品，它是从国外引进的一种具有质朴典雅韵味的瓷砖，之所以叫作仿古砖，是因为其视觉效果给人一种质朴怀旧的感觉。仿古砖是由彩釉砖演化而来的产物，它的本质是上了釉的瓷质砖。与普通的釉面砖相比，仿古砖与彩釉砖的主要差别是在釉面的色彩上。由于仿古砖在烧制过程中对技术的要求很高，需要在数千吨的液压机压制后，再经过千摄氏度高温烧结，使其强度变大，所以仿古砖具有较强的耐磨性，同时有防水、防滑、耐腐蚀的特点，再加上其可以营造古朴的氛围，适用于打造怀旧风格的居住环境中，可用在地面铺装和立面装饰上（图 6-39）。

5. 马赛克

"马赛克"，译自 MOSAIC，原意是用镶嵌的方式拼接而成的细节装饰。马赛克的种类主要有玻璃马赛克、陶瓷马赛克、石材马赛克、金属马赛克等，由于其具有耐磨、防火、防腐蚀、强度高、不褪色以及易清洗的特性，适用厨房、卫生间的墙面及地面铺装。同时，马赛克的表面可以做出不同的光泽度和颜色，可以拼接出许多美丽的图案，因此在室内环境中，设计者可根据需要做出不同的装饰图案（图 6-40）。

图 6-39　起居室

图 6-40　厨房

【点评】该案例（图 6-39）重点展现了起居室中背景墙的设计，蓝色背景的照片墙给人清新舒适的感觉，配以暗红色复古砖，再加上地面采用了充满复古韵味的仿古砖，整个空间充斥着古色古香的韵味，这种沁人心脾的质朴能带给居住者身心上的愉悦与享受。

【点评】该案例（图 6-40）是惠州皇庭玛丽城堡的样板间设计，厨房烹饪区的墙体采用了深蓝色马赛克砖体，配以精致细腻的花纹，在烹调时也能带给人美的享受，蓝色涂料与白墙的色彩对比鲜明，配以拱形门使空间的地中海韵味越发的浓郁。

6.2.6 涂料

涂料，在中国传统的叫法是油漆。主要是指涂敷在需要保护或装饰物体的表面，与被涂物体很好地黏结并且形成完整、牢固的附着黏膜的物质。由于其在物体表面结成一种膜层，又叫作"涂层"或者"涂膜"。涂料按照装饰部位的材质不同，可分为墙漆、木器漆以及金属漆；按照稀释溶剂不同，可分为水性涂料、油性涂料；按照形成涂膜的质感可以分为薄质涂料、厚质涂料以及粒状涂料；按照功能划分，可分为防水涂料、防火涂料、装饰涂料、导电涂料、隔热涂料、防锈涂料等。由于涂料的种类繁多，不同特性的涂料在装修过程中会担任不同的角色。本章节主要讲述常见的装饰材料，故重点介绍装饰涂料在居住空间中的应用（图 6-41）。

装饰涂料，大致可分为内墙涂料和外墙涂料。居住空间中常使用的是内墙涂料，由于其施工工艺简单，而且颜色丰富，深受广大消费者的喜爱。在住宅中，设计者可根据需要采用不同色调的装饰涂料，营造舒适温馨的居住环境，也可在装饰涂料上点缀各种装饰品，达到简洁大方的装饰效果，为居住者带来更大程度上的审美体验。装饰涂料可用于居住空间中的各个地方，大到整个空间环境，小到一面背景墙，都可以使用美观舒适的装饰涂料（图 6-42）。

图 6-41 餐厅　　　　　　　　　　　　　图 6-42 起居室

【点评】该案例（图 6-41）是一处餐厅的设计，餐厅中的部分墙体选用了中黄色的涂料进行装饰，与白色的顶面、家具形成鲜明的对比，不显得突兀的原因是木质的餐桌表面和暗黄色的地面铺装、墙体交相呼应，烘托出温馨的就餐环境。

【点评】该案例（图 6-42）是台湾双溪山居的样板间设计，起居室采用了绿色和粉色两种截然不同的色彩来装饰立面墙体，这两种颜色是对比色，设计者大胆的运用撞色的手法赋予了空间鲜亮灵动之美，打破了空间原有的沉闷乏味，可见装饰性涂料在居住空间中的重要性。

6.2.7 壁纸

壁纸，也叫作墙纸，是指一种用于裱糊墙面的室内装饰材料，被广泛应用到室内设计领域中。壁纸作为墙面装饰材料的一种，种类有很多，包括塑料壁纸、纸基壁纸、无纺布壁纸、天然材料面壁纸、金属壁纸、硅藻土壁纸等。壁纸具有花纹丰富、施工容易的特点，因此在住宅中可大面积使用，能够起到美化环境的作用。壁纸可适用于儿童房、起居室、书房、卧室、餐厅等功能区，但像厨房和卫生间这样的功能区，由于经常用水，应避免使用壁纸作为装饰材料。以下将选择 3 类常用的壁纸，介绍其特性以及在居住空间中的使用情况（图 6-43）。

1. 塑料壁纸

塑料壁纸，也称作"PVC 壁纸"或者"聚氯乙烯壁纸"，是由一定性能的纸或者无纺布

作为基材，以聚氯乙烯涂层或薄膜为面层，经过涂花布、印花、压花或发泡等工艺制作而成的一种墙面装饰材料。塑料壁纸具有美观、耐用、易于黏贴、强度高、耐擦洗等特性，所以经常

用于起居室、书房这样的功能空间，同时，塑料壁纸还能够做成仿砖、石、木纹以及瓷砖的效果，制造一种"以假乱真"的视觉效果（图 6-44）。

图 6-43　起居室

图 6-44　卧室

【点评】该案例（图 6-43）中起居室的设计是以白绿色调为主，白绿条纹相间的壁纸与沙发、抱枕的条纹一致，配以绿底白花纹的地毯，整体环境十分和谐统一，展现了主人唯美清新的审美品位，在这种色系的居住环境中，人们的身心都会感到无比的舒畅。

【点评】该案例（图 6-44）是深圳宏发美域 201 户型样板房设计，卧室以蓝白色调为主，床头背景墙采用了蓝白相间的壁纸，配以蓝白色的柔软帷幔，加上同色系的床上用品，整个空间显得清新自然，仿佛置身于海上一般。

2.　天然材料面壁纸

天然材料面壁纸是用草、麻、木材、树叶等天然材料干燥后黏在纸基上制成的壁纸。其具有良好的防潮、防霉变、吸声的效果并具有良好的透气性，纯天然的材料无毒无味，对人体伤害程度小，适合用于卧室、书房等空间。值得一提的是，纯天然壁纸可以反复粘贴，不容易出现褪色、翘边、起泡的现象，是一款比较"省心"的壁纸（图 6-45）。

3.　无纺布壁纸

无纺布壁纸又叫作"木浆纤维壁纸"，是以木、棉、麻等天然植物纤维经无纺成型的一种壁纸。其主要特点是视觉效果好，手感柔和，透气性能好，地面的湿气、潮气都可以通过壁纸，而且不会产生有害物质，所以又被称为"会呼吸的壁纸"，是当下比较流行的绿色环保材料。无纺布壁纸可用于居住空间中的起居室、卧室等功能区内（图 6-46）。

图 6-45　卧室

　　【点评】该案例是台湾双溪山居的样板间，图中重点展现出卧室墙面采用的壁纸和涂料，黄色的涂料能营造温暖的空间氛围，而壁纸的使用更是增添了空间的活力，不同造型的花朵图案栩栩如生，犹如从窗户外面延伸进来的景色一般，充满了无限的生机。

图 6-46　起居室

　　【点评】此案例是长沙保利阆峰云墅的样板间，图中木质的白色吊顶与乳白色的沙发交相呼应，营造出了简洁明快的空间氛围，设计者又运用了繁复花纹的壁纸对立面进行装饰，打破了原有白色色调的单一性，赋予了空间丰富的色彩与视觉体验。

6.2.8 金属

在居住空间中，常用的金属装饰材料包括黑色金属和有色金属两大类。其中黑色金属主要包括铸铁和钢材，铸铁常用于房屋等结构中，而钢材中的不锈钢则作为室内的装饰材料使用。有色金属包括铝及其合金、铜及其合金以及金银等，它们以其独特的质感和光泽被广泛应用于现代的室内装修中，下面将从 3 种常用的金属装饰材料着手，简述它们的特性以及在居住空间中的应用（图 6-47）。

【点评】该案例是北京大兴住宅的样板间，图中重点展示了楼梯处的陈设品与材料，设计者采用金属材料打造了卷曲的花纹样式，恰好与顶面天花的流线造型一致，赋予空间灵动性，红色的花卉艺术品也为空间增添了几分情趣。

图 6-47　楼梯处的金属装饰

1. 不锈钢

不锈钢是含铬 12% 以上、具有耐腐蚀性能的铁基合金。主要分为不锈耐酸钢和不锈钢两种，能抵抗大气腐蚀的称为不锈钢，能抵御酸性化学物质侵蚀的叫作耐酸钢。在居住空间中，起到装饰效果的不锈钢主要是不锈钢板，因其表面平滑、有光泽，所以可达到装饰效果。同时，还可以对不锈钢表面进行着色处理，制成褐、蓝、黄、红、绿等各种彩色不锈钢，既能保持原有不锈钢材的耐腐蚀性能，又能达到更好的装饰效果。不锈钢在住宅中主要适用于墙柱面、栏杆、扶手等部位的装饰（图 6-48）。

图 6-48　书房

　　【点评】该案例是台湾赫里瓷 W-HOUSE 的书房设计，图中用不锈钢材料打造的书桌和椅子，尽显现代简约时尚的美感，书橱采用带有花纹的装饰镜，与白色的墙体形成鲜明对比，深褐色的实木地板压低了空间的色彩，使空间显得厚重沉稳。

　　2. 铝合金

　　铝具有良好的导电和导热性能，为了提高铝的使用价值，在其中加入其他的元素就制成了铝合金。铝合金具有韧性高、优良的热塑性以及耐腐蚀的特性，因此铝合金在室内中常用在铝合金百叶窗帘、铝合金门窗、铝合金装饰板、镁铝饰板、铝合金吊顶、铝合金扶手以及栏杆中（图6-49）。

图 6-49　卧室

【点评】该案例是成都华润橡树湾的样板间设计，图中卧室的背景墙设计得简约大气，象牙白的墙体配上合金金属条装饰，打破了原有墙体单调性的同时，赋予空间浓郁的现代感，茶色玻璃镜的使用也使空间更加宽敞明亮。

3. 铜及铜合金

纯铜是紫红色的重金属，又称为紫铜。铜和锌的合金被称为黄铜，其颜色随含锌量的增加发生变化，由黄红色逐渐变为淡黄色。其价格比纯铜低且机械性能高、耐锈蚀，可用来作为建筑五金配件。在居住空间中，铜和铜合金可用于柱面、墙面装饰，起到美化环境的作用（图 6-50）。

【点评】该案例是一处样板房卫生间的一角，图中金属饰品的镜子是空间的一大亮点，卷曲的花纹镶边镜子配以复古的水龙头，造型感十足的洗手池，搭配色彩艳丽的马赛克，营造出精巧别致的审美体验。

图 6-50　卫生间的一角

6.2.9 织物

装饰织物是指起到美化空间作用的实用性纺织品。按其用途和使用环境可以分为地面铺设织物（也就是常说的地毯）、墙面装饰织物、窗帘帷幔、床上用品等。下面将重点介绍具有装饰性的地毯、墙面织物以及窗帘三种织物，探讨它们在居住环境中的应用（图 6-51）。

图 6-51 卧室

【点评】该案例是佛山佛冈别墅的样板间设计，图中卧室给人的整体感觉是素雅柔和，白色的吊顶与白色的家具一致，清新淡雅的地毯与窗帘的花纹虽然复杂，但不凌乱，增添了空间的视觉表现力；同时，地毯给人以柔软的触感，卧室的舒适感在地毯等织物的映衬下得以彰显。

1. 地毯

地毯，是以棉、麻、毛、丝、草纱线等天然纤维或化学合成的纤维类原料，经手工或机械工艺进行编结、栽绒或纺织而成的地面铺敷物。地毯具有防潮、隔热、减少噪音等特性，同时具有较强的室内装饰效果，因此在住宅中适用于起居室、书房及卧室中，给人温暖舒适的感觉（图6-52）。

图 6-52 起居室

【点评】该案例是上海保利塘祁路的样板房设计的起居室，图中灰色的沙发上有各种图案、材质的抱枕，配以墨绿色的皮质座椅，营造出现代感极强的空间氛围。值得一提的是，该起居室中的地毯是整个设计的亮点，设计者采用了与家具颜色一致的颜色，灰色与墨绿色相间的几何图案穿插成一幅动感十足的地毯图案，烘托出简约现代的居住环境。

2. 窗帘帷幔

窗帘帷幔在居住空间中既可以起到遮挡阳光、灰尘、保温的作用，又可以极大程度地营造舒适的室内环境，柔化居住环境中的硬线条，平衡居住者的视觉感受。因此，窗帘帷幔在居住空间中起到极其重要的作用，适用于室内任何具有开窗条件的空间环境中（图 6-53）。

图 6-53　卧室

【点评】该案例是郑州五云山定制庄园别墅 A59 的样板间的卧室，图中的落地窗使空间显得宽敞明亮，配上柔软的棕色窗帘帷幔，为空间增添了些许柔美感，而窗帘的色彩与床体等实木家具的色彩一致，与整体的空间环境相融合。

3. 墙面装饰织物

墙面装饰织物主要起着保护墙体、美化墙面环境的作用。通常这些织物是指以纺织物或者编织物为面料制成的墙布、墙纸。墙面装饰织物具有隔声、保温等特性，根据面料的不同，其可分为化纤装饰墙布、玻璃纤维印花墙布、织物壁纸等，可适用于起居室、卧室、书房等环境中，增加居住环境的美感和舒适度（图 6-54）。

图 6-54 女孩房

【点评】该案例是上海嘉宝一处别墅的样板房设计，图中使用了大量淡粉色的装饰物，可见是女孩房。进入该卧室，人们的视觉焦点就会集中在床头背景墙上，墙体使用了碎花图案的壁纸配以柔美的床头帷幔，打造了甜美舒适的睡眠环境。

6.3 装饰材料的选用原则

在居住空间的设计中，材料的选择是重中之重，设计的好坏优劣都体现在材料的搭配是否合适上，因此，在选择装饰材料时，设计者一定要遵循相应的设计原则，不能因为材料的选择不当而影响整体空间效果。下面将从 4 个方面介绍选择材料时应该遵循的原则（图 6-55）。

1. 环保原则

通常人们在居住空间中的时间是最长的，平均每天都会超过 8 个小时，所以在选择装饰材料时，一定要重视材料的环保性能，切记不能选择带有有害气体以及辐射超标的材料，避免造成住宅污染，威胁到居住者的健康和安全。只有选择优质的、对人体无害的材料才能为人们营造温馨健康的家庭环境（图 6-56）。

图 6-55 玄关

【点评】该案例是一处住宅中玄关的设计，主要采用的材料有铁艺的桌子和吊灯，天花吊顶处的装饰镜和木饰条，地面铺装采用具有复古韵味的仿古砖，天花的矩形图案与地面铺装图案一致，达到上下呼应的视觉效果。

图 6-56　酒柜吧台的设计

【点评】该案例是长沙保利阆峰云墅样板间设计，图中重点展示了住宅中一处酒柜吧台的设计，设计者采用了白色的木质网格状酒柜，不仅使酒具排列整齐，还具有装饰性，像是一面艺术背景墙，吧台由大理石和马赛克组合而成，吧凳的摆放区域使用木地板，空间区域得到明显的划分。

2.　地域原则

住宅所处的地域环境也是影响选择装饰材料的一大重要因素，因为不同地域的气候条件需要选择不同的装饰材料。例如：在我国南方地区天气比较潮湿炎热，在居住空间中应避免采用过多易发霉的材料进行装饰，如各种地面铺设的地毯，在阴雨天气中会经常发生霉变；而北方地区由于冬天会供暖，地暖的使用需要地面铺设质量上佳的实木制品，质量较差的实木地板则容易开裂（图 6-57）。

3.　住宅空间条件

在选用装饰材料的时候，设计者应根据主人房屋的大小选择合适的材料。在住宅面积较大的空间中，为了凸显空间的层次感，设计者可以选用表现力较强的大理石以及多层次的布艺装点空间；而在住宅面积小的房屋，设计者应该合理地利用空间，选择一些光泽度高且易于清理的材料，如涂料，既有装饰效果，又能有效避免造成空间的浪费；多使用玻璃材料也会使空间显得宽敞明亮（图 6-58）。

图 6-57　起居室

　　【点评】该案例中起居室的设计简单但时尚感十足，木质地板上配以圆形的地毯，让人忍不住想踩上去感受地毯的柔软和地板的舒适，咖啡色的背景墙上简单几笔勾勒出的人物轮廓，为空间增添了些许艺术效果，连衣裙样式的台灯造型也是空间的点睛之处。

图 6-58　起居室

　　【点评】该案例是汕头金叶岛的样板房设计，图中的起居室设计得简洁明快，背景墙设计得极其简约；起居室采用大面积的抛光砖构筑墙体，电视镶嵌在墙体之内，最大化地节约了空间；灰色布艺沙发压低整体空间色彩，抱枕和茶几的颜色与白色的背景墙相呼应。

4. 整体装饰风格

不同材料的使用能够表现出不同的室内装饰风格。在居住空间中，不能漫无目的地使用各种材料，这样会使空间看起来杂乱无章，应该遵循统一的设计风格，做到每一种材料的使用都是为了营造这种设计风格。例如：在营造简约风格的居住环境时，应当选择表面光滑的瓷砖、干净利落的玻璃以及图案简约且具有艺术性的壁纸进行装饰，这些材料能够表现出轻快流畅、简单大方的现代造型（图6-59）；在欧式风格的打造中，则可以选择层次丰富具有繁复花纹的织物装点室内，如地毯、壁纸等，还应加入一些金黄色的浮雕以及华丽高贵且带有花纹的大理石营造欧式的空间氛围（图6-60）。

图6-59　起居室

【点评】该案例是香港海涛湾的样板房，图中整体的装饰风格属于现代简约风格，为了营造这样的整体风格，设计者采用了干净利落的线性造型，矩形天花的设计以及地面铺装的黑色线条，没有繁缛的细节，使空间看起来简约大方。

图 6-60　卧室

【点评】该案例是济南中海 TH230 户型别墅的样板间，图中卧室属于奢华的欧式风格，细致的墙面和顶棚装饰，配以金色的镶边，尽显大气磅礴，精致的欧式家具与地毯的使用，营造出美轮美奂的欧式卧室氛围。

复习与思考

1. 思考居住空间中常用的装饰材料有哪些？

2. 在今后的设计中如何合理地使用相应的材料？

3. 想一想未来装饰材料的发展趋势是什么？你所知道的新型的装饰材料有哪些？

课堂实训

查找居住空间的设计案例，分析在此案例中运用了何种装饰材料，它们都有哪些特性，以及该案例在使用材料方面有何不妥之处，并说明如何加以改进。